化妆技术

（第2版）

主编 高 勤

北京理工大学出版社
BEIJING INSTITUTE OF TECHNOLOGY PRESS

图书在版编目（CIP）数据

化妆技术 / 高勤主编. —2版. —北京：北京理工大学出版社, 2022.12重印
ISBN 978-7-5682-7985-7

Ⅰ. ①化…　Ⅱ. ①高…　Ⅲ. ①化妆-高等职业教育-教材　Ⅳ. ①TS974.12

中国版本图书馆CIP数据核字（2019）第271304号

出版发行 / 北京理工大学出版社有限责任公司
社　　址 / 北京市海淀区中关村南大街5号
邮　　编 / 100081
电　　话 / （010）68914775（总编室）
（010）82562903（教材售后服务热线）
（010）68944723（其他图书服务热线）
网　　址 / http://www.bitpress.com.cn
经　　销 / 全国各地新华书店
印　　刷 / 河北佳创奇点彩色印刷有限公司
开　　本 / 787毫米 × 1092毫米　1/16
印　　张 / 7.5
字　　数 / 176千字
版　　次 / 2022年12月第2版第2次印刷
定　　价 / 32.00元

责任编辑 / 王俊洁
文案编辑 / 王俊洁
责任校对 / 周瑞红
责任印制 / 边心超

教材建设是国家职业教育改革发展示范学校建设的重要内容，作为第二批国家职业示范学校的北京市劲松职业高中，成立了由职业教育课程专家、教材专家、行业专家、优秀教师和高级编辑组成的五位一体的专业教材建设小组，开发设计了符合美容美发技能人才成长规律，反映行业新理念、新知识、新工艺、新材料的发展改革示范教材。

本套教材采用单元导读、工作目标、知识准备、工作过程、学生实践、知识链接的教材结构，突出了项目引领、工作导向，在知识准备的基础上，熟悉工作过程、练习操作流程，最终通过实践，达到提高学生职业素养和职业能力的目的。

本套书在每一本教材的教材目标设计和选择上，力求对接国家职业资格标准；在每一本教材的教材内容设计和选择上，力求对接典型职业活动；在每一本教材的教材结构设计和选择上，力求对接职业活动逻辑；在每一本教材的教材素材设计和选择上，力求对接职业活动案例。因此，这套教材有利于学生职业素养和职业能力的形成，有利于学生就业和职业生涯的发展。

我国职业教育“做中学”的教材、技术类的专业教材基本定型，服务类的专业教材也正逐步走向成熟，文化艺术类的专业教材正处于摸索阶段。一般技术类的专业教材采用过程导向逻辑结构；服务类的专业教材采用情景导向逻辑结构；文化艺术类的专业教材应采用效果导向的逻辑结构。这套美容美发专业的教材，是一次由知识本位到能力本位转型的新的有益探索，向效果导向逻辑结构迈出了一大步。北京市劲松职业高中美容美发专业拥有十分优秀的师资和深度的校企合作，这是他们能够设计编写出优秀教材的基本条件。

前言

PREFACE

《化妆技术》是职业学校美容美发与形象设计专业开设的一门专业核心课程，教材从职业能力培养角度出发，力求体现以工作过程为导向的教育理念，满足职业技能考核及行业用人的需求。随着时尚行业的发展趋势，化妆技术已经融入很多服务领域中，成为时尚整体造型中重要的组成部分。而如今，在学校的学生更注重的是理论学习，尚欠缺与行业企业实践相接轨，需要进一步提高对专业知识、操作技能和职业道德的认识。

本书是在典型职业活动分析的基础上，整合提炼而成的理实一体化教材。采用单元式的编写方式，主要内容包括四个单元共八个项目。在教材编写上，编者从学生的实际出发，将每个项目中关键技能点进行重点讲解，由浅入深，环环相扣，具有新颖、直观、实用的特点。为了帮助学生更好地理解教材的内容，本书在编写中摒弃了传统教材注重系统性和理论性的编写习惯，以掌握实用操作技能为根本出发点进行编写。同时，本书的每个章节都设计了思考与练习题，增加了知识链接，在巩固学生所学知识的同时拓宽学生的知识面。为了增加直观效果，书中为操作步骤附上具体清晰的操作图解，增加了教材的生动性和趣味性。

教学内容的选择突破了我国职业技能设定的初级、中级、高级的框架，依据目前国内国际市场的服务内容进行精选，使所授内容与就业情况相吻合。 本教材每个项目内容都以真实的工作环境进行实践活动，并在每个项目中安排了案例分析及专题活动，使学生能够将理论与实践有机融合，增加了教材的实用性。适用于职业学校化妆相关专业教学使用，也适用于零基础的化妆学习爱好者。

本书由高勤担任主编，王磊参与视频拍摄。北京市劲松职业高中原校长贺士榕、郝桂英老师、杨志华老师、范春玥老师为本书的编写工作提供了大力的支持和帮助，在此一并表示感谢。

由于编者水平有限以及时间仓促，书中难免有不足和疏漏之处，恳请大众读者批评指正。

编　者

目录
CONTENTS

单元一　日妆

内容介绍

随着时代的发展以及人们生活品质的提高，化妆已经不是明星和艺人们的专利，越来越多的女性对自己的形象气质有了更高的标准和要求。化妆在更多时候已经成了人际交往的一种礼仪体现。一款精致得体的淡妆会让您更加神采飞扬，自信满满！如图1–1–1所示。

(a)

(b)

图1–1–1　淡妆

单元目标

(1) 能够通过观察，辨识模特的肤质和五官特点。

(2) 能够借助日妆的技术，修饰面部皮肤和五官的瑕疵。

(3) 能按照程序进行日妆的描画。

(4) 会使用正确的方法描画生活妆和职业妆。

 日妆生活妆

项目描述

日妆里用得最多的莫过于生活妆了，因为没有太多场合和服装的限制，所以，生活妆的妆容更偏向于自然和随意。如图1-1-2所示。

图1-1-2　生活妆

工作目标

（1）能够通过观察，判断模特肤质的状况并选择适当的化妆品和工具。

（2）能够借助生活妆的技术，修饰面部皮肤和五官的瑕疵。

（3）能按照程序进行生活妆的描画。

（4）会使用正确的方法描画生活妆。

一、知识准备

（一）生活妆的含义

生活妆是指在日常生活中根据场合需要并搭配服装的妆容。因为出入场所和服装变换较多，所以要求妆容自然随意，有符合自身气质特点的特色。

（二）生活妆的作用

（1）让自己气色更健康，五官更明亮，有立体感。

（2）修饰自身面部五官的不足，如肤色不均匀或有瑕疵、黑眼圈、眼袋、眼睑浮肿等

问题。

（3）搭配服装和发型，让整体形象更出众。

（4）出席一些特殊场合的礼仪需要。

（三）生活妆的特点

生活妆应和浓妆有明显区别，妆容干净自然是重要的特点。另外，可以根据应用的场合和搭配的服装，有一些妆面上的创意和改变。

（四）准备工具和材料

化妆套刷、妆前护肤品、隔离霜、粉底液、粉底膏、遮瑕膏、BB霜、定妆散粉、海绵扑、修眉工具、眉笔、眉粉、眼线笔、眼线液、眼线膏、眼影粉、睫毛膏、睫毛夹、腮红粉、口红、唇彩、润唇膏、棉签。

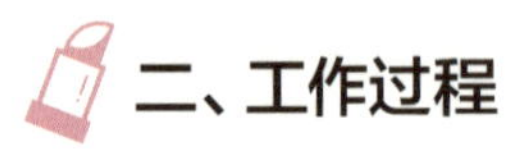

二、工作过程

（一）工作标准

生活妆工作标准如表1–1–1所示。

表1–1–1 生活妆工作标准

内 容	标 准
准备工作	工作区域干净整齐，工具齐全，码放整齐，仪器设备安装正确，个人卫生仪表符合工作要求
操作步骤	能够独立对照操作标准，使用准确的技法、按照规范的操作步骤完成实际操作
操作时间	在规定时间内完成项目
操作标准	修饰后粉底涂抹均匀，肤色自然，无明显浮粉
	眉形有立体感，线条精致，边缘整洁
	眼影在眼窝范围以内，有层次过渡，色彩搭配协调
	睫毛自然卷翘，腮红位置正确，口红颜色与整体色彩协调
整理工作	工作区域干净整洁、无死角，工具仪器消毒到位，收放整齐

（二）关键技能

1. 粉底的涂抹

粉底的涂抹如图1-1-3～图1-1-5所示。

（1）五点打法。

用手或粉底刷蘸取少量粉底液，从额头、两边脸颊、鼻梁、下巴等区域，呈五点状，脸部由内向外，顺着毛孔生长的方向均匀涂抹开，接近发髻线的边缘要特别薄，以防沾到头发上，借助海绵扑把发髻线边缘的部分晕染得更自然一些，到下眼睑时，手要轻，以免刺激眼睛。

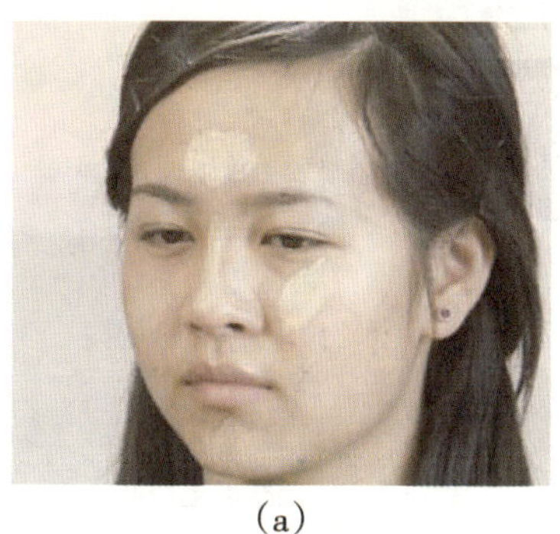

（a）　　（b）

图1-1-3　五点打法

（2）面部遮瑕。

用小号细刷蘸取遮瑕膏轻轻涂抹在瑕疵处，遮盖色斑或眼袋、黑眼圈等肤色瑕疵，让面部肤色尽量均匀一致，遮瑕膏的颜色取决于模特的肤色。

图1-1-4　面部遮瑕

（3）整体修饰。

边缘和发际线衔接处，可用海绵扑轻轻按压推匀，手法轻柔，顺着毛孔生长方向，让底妆和皮肤更加贴合自然。

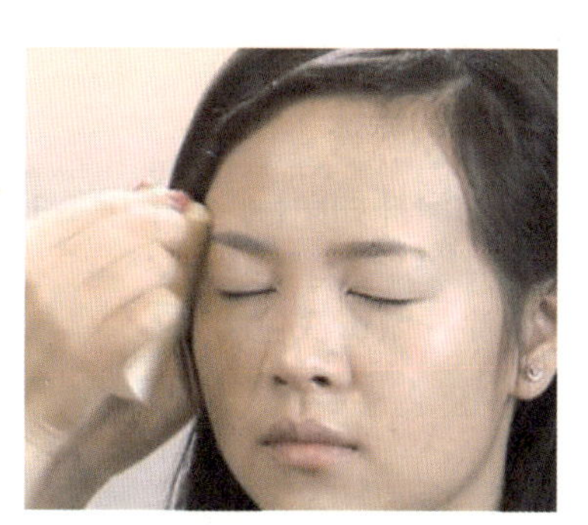

图1-1-5　整体修饰

2. 眉形的描画

眉形的描画如图1–1–6～图1–1–8所示。

（1）修饰轮廓。

先用眉笔画出大概眉形。

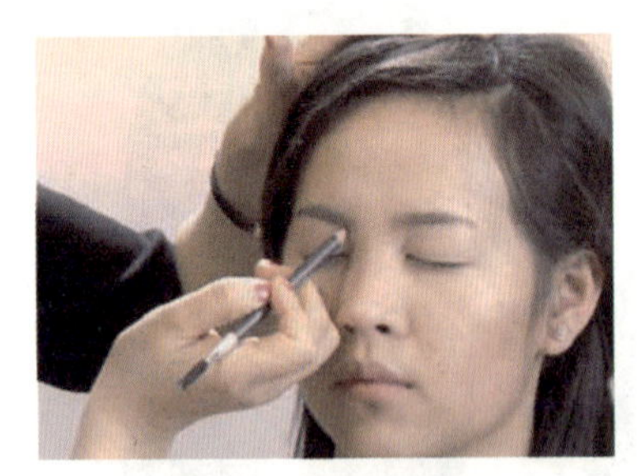

图1–1–6 修饰轮廓

（2）调整眉毛色调。

用眉笔在眉毛残缺的部位顺着眉毛生长方向轻轻画出线条，底线的线条应略微实一些，眉头颜色相对浅淡一些，眉梢线条流畅自然，这样画出的眉毛更生动立体。

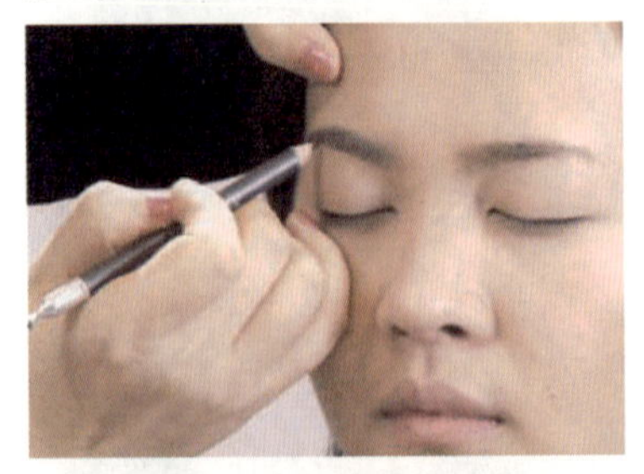

图1–1–7 调整眉毛色调

（3）整体修饰。

眉毛画完后，边缘的线条有不足之处，可用遮瑕膏和棉签修改。

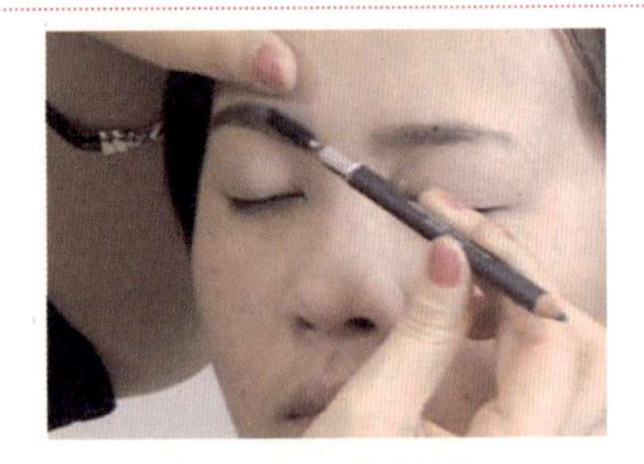

图1–1–8 整体修饰

3. 眼影的涂抹

眼影的涂抹如图1–1–9～图1–1–11所示。

（1）涂抹眼影底色。

先用大号眼刷蘸取白色或肉色眼影，均匀涂抹在上眼睑。

图1–1–9 涂抹眼影底色

（2）眼窝内平涂。

用中号眼影刷蘸取所需颜色的眼影，刷子倾斜45度，从后眼尾贴近睫毛的部分开始往前慢慢地过渡，不可超出眼窝的范围，由外向内均匀涂抹想要的颜色。

图1-1-10　眼窝内平涂

（3）晕染层次。

用大号眼影刷蘸取少量白色眼影，将边缘颜色推开，与眼周围的皮肤有自然的过渡。

图1-1-11　晕染层次

4. 眼线的描画

眼线的描画如图1-1-12～图1-1-14所示。

（1）请模特配合。

用眼线笔描画眼线，请模特闭上眼睛，用手轻轻按住模特眼皮。

图1-1-12　请模特配合

（2）上眼线描画。

紧贴睫毛根部一点点填满上眼线，至后眼尾末梢处细化，呈现自然收尾。注意力度均匀，线条要实，边缘不能参差不齐。注意画眼线之前，检查眼睑周围的定妆是否完好，若发现眼睑处有油光，则是散粉定妆不够，这样直接画出的眼线容易晕妆。

图1-1-13　上眼线描画

（3）下眼线描画。

请模特配合睁眼，放轻力度，用小号眼影刷蘸取棕色眼影粉，从后眼尾往眼球方向，由粗到细，画到眼球中部即可。

图1-1-14 下眼线描画

（三）操作流程

生活妆操作流程如图1-1-15～图1-1-29所示。

（1）接待模特/顾客。

请模特坐在舒适的化妆椅上，调整好坐姿，观察模特面部特征，肤质为中干性，面颊有轻微色斑，鼻尖有轻微脱皮。

注意：将披肩围在模特的肩上，保护模特的衣领部卫生。

图1-1-15 接待模特

（2）准备工具和材料。

准备工具和材料。

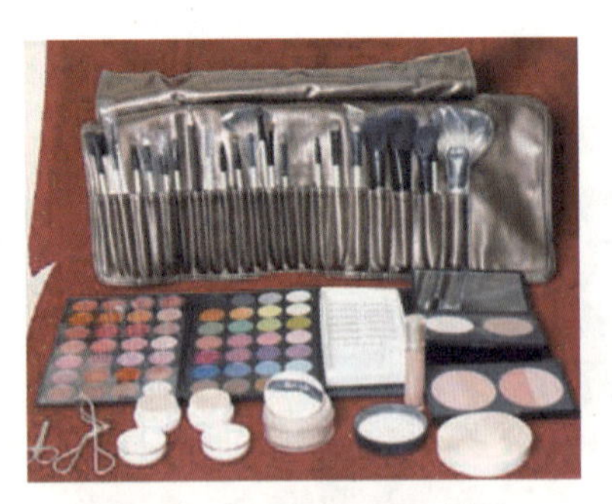

图1-1-16 准备工具和材料

（3）选择相应的护肤品。

为此模特选择滋润型润肤水和营养面霜。

图1-1-17 选择相应的护肤品

(4)底妆的涂抹。

用手、海绵扑或粉底刷涂抹粉底，使面部肤色均匀。

注意：在涂抹底妆前，需要清洁双手，并倒取适量的护肤品为模特涂抹面部。

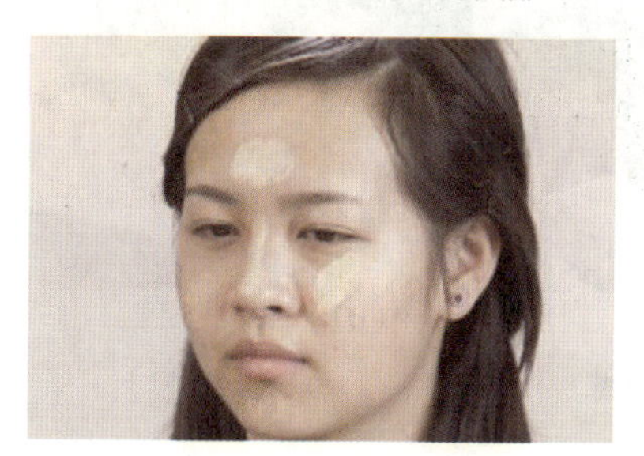

图1-1-18　底妆的涂抹

(5)面部遮瑕。

用小细刷蘸取遮瑕膏遮盖面部色斑和眼袋。

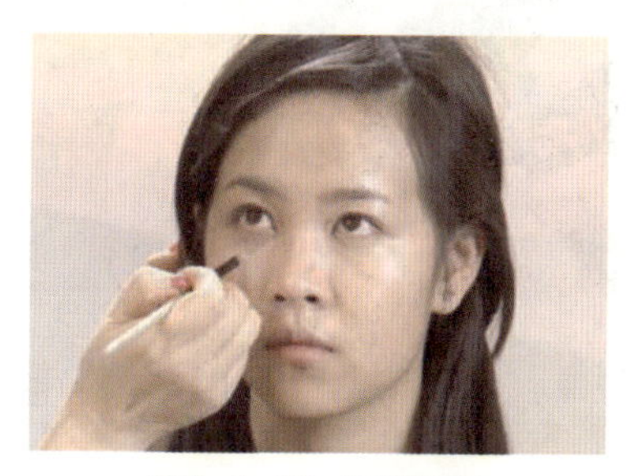

图1-1-19　面部遮瑕

(6)“T”区提亮。

用粉底刷或手蘸取浅色粉底膏浅浅涂抹于额头、鼻梁和下巴位置，让“T”区有视觉上的凸出和立体感，眼睑周围的粉底一般要打得厚重一些，为后面的上色做准备。

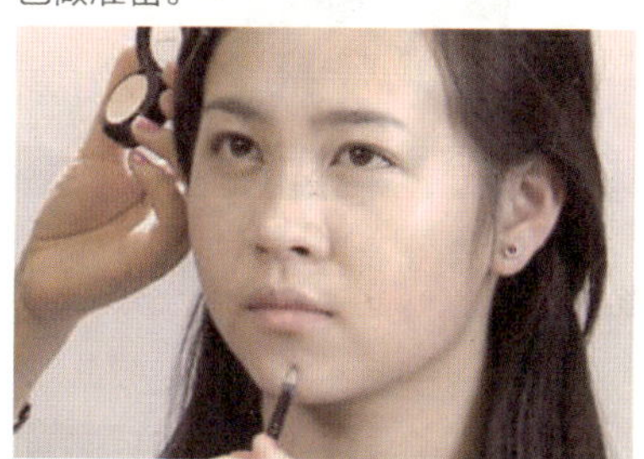

图1-1-20　“T”区提亮

(7)定妆。

用大号散粉刷蘸取定妆粉在面部均匀轻扫，眼睑、鼻翼和嘴角用粉扑压实，下眼睑定妆要厚实，此处容易晕妆，手法要很轻，时间不要太长。

图1-1-21　定妆

(8)描画眉毛。

从眉腰的下半部分开始起笔，补充模特缺失的部分，一般眉峰处眉毛比较稀少，要重点补充，顺着眉毛生长的方向，一根一根地描画，画出眉形。最后用眉刷稍微晕染一下眉头，让其看起来更自然。

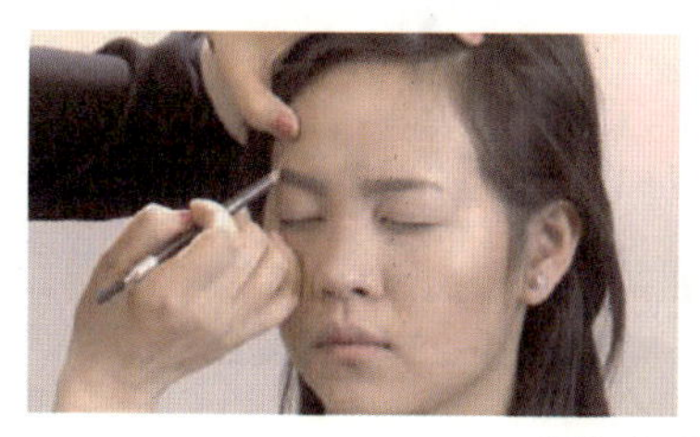

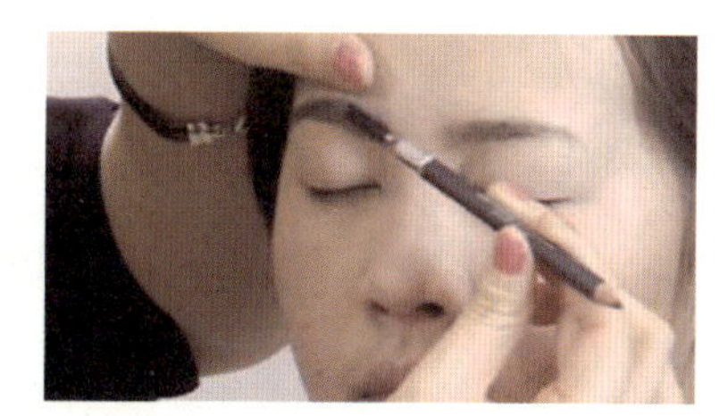

图1-1-22　描画眉毛

（9）描画眼线。

用眼线笔从后眼尾睫毛根处着笔，轻轻往前画，到内眼角处可从前往后画。注意：眼线边缘线条要很整洁，后眼尾的形状逐渐变细。

(a)

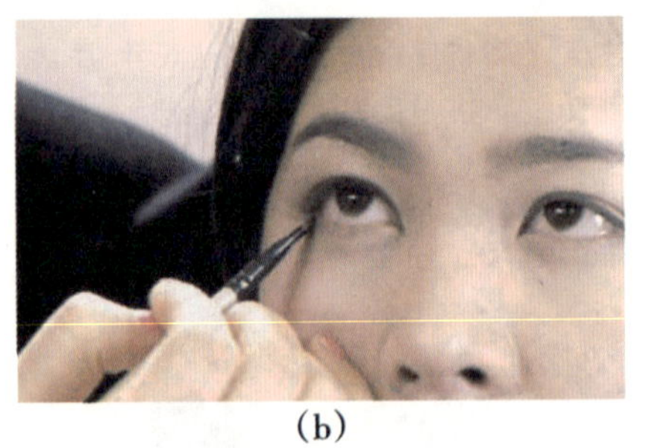
(b)

图1-1-23 描画眼线

（10）描画眼影。

按照眼影的标准画法涂抹眼影。

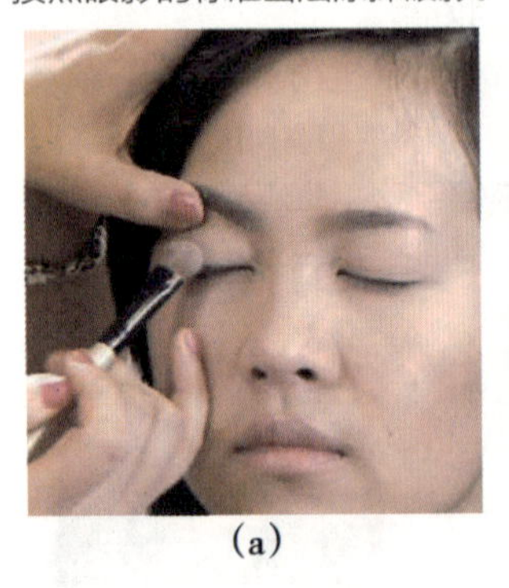
(a)

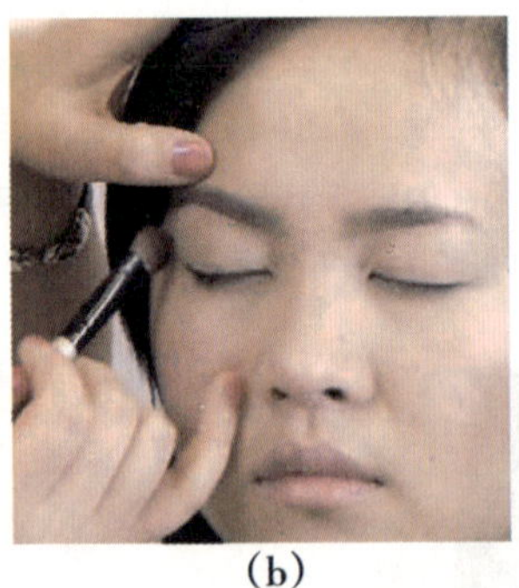
(b)

(c)

图1-1-24 描画眼影

（11）涂抹腮红。

用腮红刷蘸取少量腮红，涂抹在笑肌上，均匀推开，自然晕染。

图1-1-25 涂抹腮红

(12)涂抹口红。

用唇刷蘸取适量口红均匀涂抹在唇部，然后在嘴唇中部均匀涂上唇彩，使嘴唇光泽丰满，在画到唇角的时候，嘴巴微微张开，成微笑状，这样唇角上色会比较整洁均匀，比较年轻的模特可以用些唇彩。

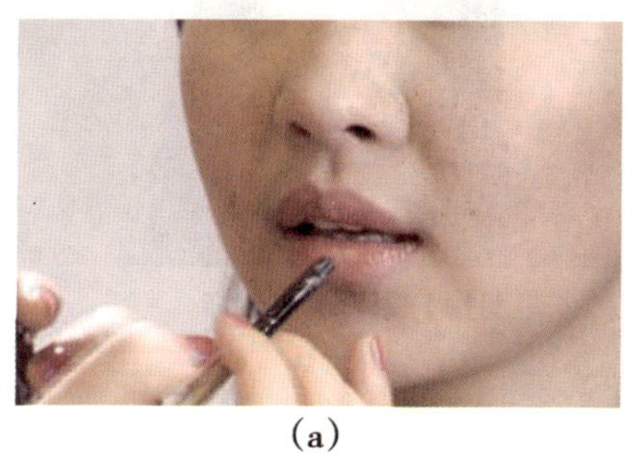

(a)

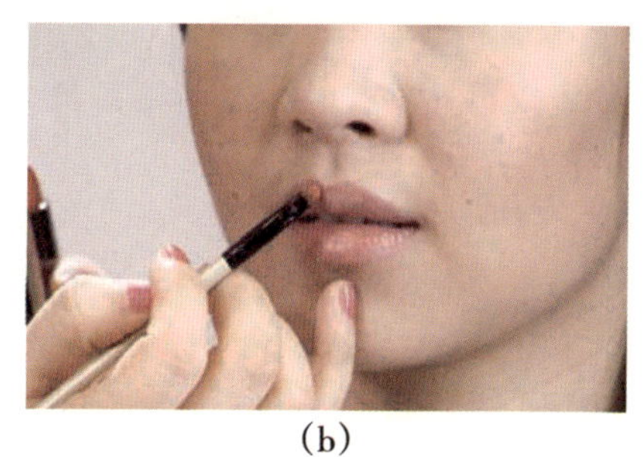

(b)

图1-1-26　涂抹口红

(13)夹睫毛。

让模特往下看，让睫毛根部更充分地暴露出来。夹睫毛分成三段：睫毛根部、中部、睫毛尖。夹住以后停留2~3秒，把睫毛夹到合适的弧度。

图1-1-27　夹睫毛

(14)涂刷睫毛。

让模特往下看，让睫毛根部更充分地暴露出来。手轻轻地抬起眼皮，以"之"字形刷睫毛。下睫毛太少的模特，可以省略涂刷下睫毛。

注意：注意安全，不能碰到模特的眼睑和眼球。

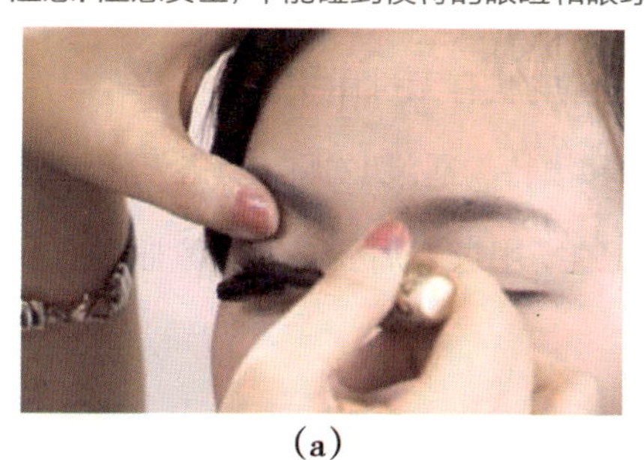

(a)

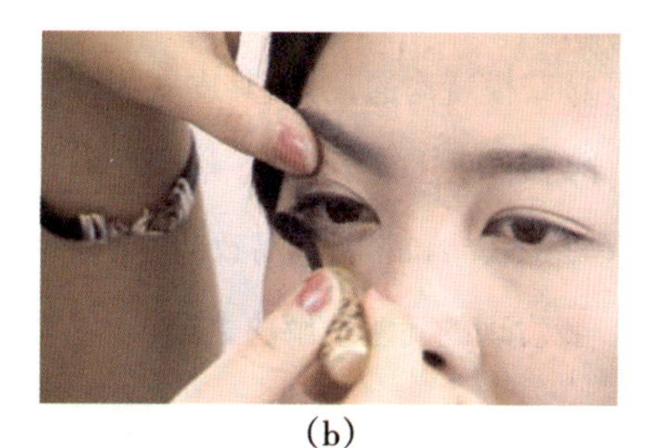

(b)

图1-1-28　涂刷睫毛

（15）整体修饰。

检查有无晕妆、脏妆等问题。

图1-1-29 整体修饰

三、学生活动

（一）工作过程

1. 布置项目：在实训室为模特描画生活妆

开始之前，观察模特的五官特点、皮肤肤质和肤色等特征。

（1）根据模特肤质选择合适的护肤品和底妆产品。

（2）根据模特五官特点设计日妆的画法。

（3）若是内双眼皮的眼睛，画眼线之前检查眼睑处定妆是否足够，若还有油光，可以再次用粉扑蘸取散粉轻压在眼睑上，以免造成眼线晕妆。

2. 操作过程中可能会遇到的问题

（1）粉底涂抹不均匀怎么办？

（2）眉毛和眼妆两边不对称怎么办？

3. 操作过程中需要特别注意的问题

（1）开始之前请先清洁您的双手。

（2）跟模特沟通，分析其皮肤的特征。询问模特皮肤有无过敏史。

（3）操作手法轻柔舒适。尤其画眼妆时要及时和模特沟通，切勿将工具触及模特眼球。

（4）护肤品和彩妆品易致菌变质，注意工具卫生，用过之后要马上盖紧瓶盖。

4. 我发现的问题及解决之道

____

____

（二）工作评价

生活妆工作评价标准如表1–1–2所示。

表1–1–2　生活妆工作评价标准

评价内容	评价标准			评价等级
	A（优秀）	B（良好）	C（及格）	
准备工作	工作区域干净整齐，工具齐全，码放整齐，仪器设备安装正确，个人卫生仪表符合工作要求	工作区域干净整齐，工具齐全，码放比较整齐，仪器设备安装正确，个人卫生仪表符合工作要求	工作区域比较干净整齐，工具不齐全，码放不够整齐，仪器设备安装正确，个人卫生仪表符合工作要求	A B C
操作步骤	能够独立对照操作标准，使用准确的技法，按照规范的操作步骤完成实际操作	能够在同伴的协助下对照操作标准，使用比较准确的技法，按照比较规范的操作步骤完成实际操作	能够在老师的指导帮助下，对照操作标准，使用比较准确的技法，按照比较规范的操作步骤完成实际操作	A B C
操作时间	规定时间内完成项目	规定时间内在同伴的协助下完成项目	规定时间内在老师帮助下完成项目	A B C
操作标准	修饰后粉底涂抹均匀，肤色自然，无明显浮粉	修饰后粉底涂抹均匀，肤色自然	修饰后粉底涂抹均匀，但有细微浮粉	A B C
	眉形有立体感，线条精致，边缘整洁	眉形有立体感，线条精致	眉形有立体感，边缘略粗糙，有改动痕迹	A B C
	眼线紧贴睫毛根部，线条干净整齐，突出眼部神韵	眼线紧贴睫毛根部，线条清晰	眼线紧贴睫毛根部，线条不够整洁，有改动痕迹	A B C
	眼影在眼窝范围以内，有层次过渡，色彩搭配协调	眼影在眼窝范围以内，有层次过渡	眼影在眼窝范围内，层次感不明显	A B C
	睫毛自然卷翘，腮红位置正确，口红颜色与整体色彩协调	睫毛自然，腮红位置正确，用口红勾勒的唇形清晰	睫毛自然，腮红位置正确，口红颜色选择不当	A B C
整理工作	工作区域干净整洁、无死角，工具仪器消毒到位，收放整齐	工作区域干净整洁，工具仪器消毒到位，收放整齐	工作区域较凌乱，工具仪器消毒到位，但收放不整齐	A B C
学生反思				

四、知识链接

（一）如何选择画眉工具

根据妆面需要和模特自身眉毛的特点选择合适的画眉产品。比如模特自身眉毛较浓密，但眉形不好，可以在对基础眉毛修剪后，根据设计好的形状，用接近原来眉毛颜色的眉笔描画出缺失的部分；若是模特肤色白皙，自身眉毛浅淡或颜色不均匀，但眉形没有脱离正常标准，可选择用眉刷蘸取灰色或棕色眉粉来强调眉形。

（二）如何矫正不同的问题眉形

（1）眉间距相对较近，也称向心眉，这样的眉形可以淡化眉头的描画，或者将眉头过多的眉毛修理掉，从而加大两眉间距，画眉时眉峰向后，可加重颜色。

（2）眉间距相对较远，也称离心眉，这样的眉形在描画时，可将眉头略微前移，拉近两眉间间距，接近标准比例，同时眉尾不要过长。

（3）眉毛眉峰较为高挑，也称上吊眉，这种眉形眉头过低，眉尾上扬，使五官看起来缺少亲和力，可以将眉头下方和眉梢上方多余的眉毛修理掉，使眉形变得平和，或加宽眉头上方和眉梢下方，也可起到调整的作用。

（4）眉尾低于眉头，且没有明显的眉峰，又称八字眉。调整时可以将眉尾的眉毛修理掉，在合适的位置重新勾画出眉峰和眉尾，使眉形接近标准。

日妆职业妆

项目描述

日妆职业妆是比较常用的一个妆面，因为职业女性的地位越来越高，人们的审美需要也趋向国际化，所以，在今天，职业妆已经成为一种职场的礼仪，如图1–2–1所示。因为场合和服装有所限制，所以对妆容的要求也有一定的限制。

图1–2–1　职业妆

工作目标

（1）能够通过观察，判断模特肤质的状况，选择适当的化妆品和工具。

（2）能够借助职业妆的技术，修饰面部皮肤和五官的瑕疵。

（3）能按照程序进行职业妆的描画。

（4）会使用正确的方法描画职业妆。

一、知识准备

（一）职业妆的含义

职业妆是指职业女性在工作的场所根据需要并搭配服装的妆容。根据模特年龄和身份特征在妆面色调上有一定的选择空间，但整体特点是干净自然、端庄大气。

（二）职业妆的作用

（1）调整面部五官的瑕疵和不足，打造完美的职场形象。

（2）搭配服装和发型，符合自身职业特点。

（3）出席一些正式场合的礼仪需要。

（三）职业妆的特点

干净自然、端庄大气是职业妆容重要的特点。可以根据模特的年龄、应用的场合和搭配的服装等来设计适合的妆容色调。但通常色调以棕色、蓝色、紫色为主。避免使用夸张艳丽的珠光质地的彩妆品。

（四）准备工具和材料

化妆套刷、妆前护肤品、隔离霜、粉底液、粉底膏、遮瑕膏、BB霜、定妆散粉、海绵扑、修眉工具、眉笔、眉粉、眼线笔、眼线液、眼线膏、眼影粉、睫毛膏、睫毛夹、假睫毛、睫毛胶、腮红粉、口红、唇彩、润唇膏、棉签。

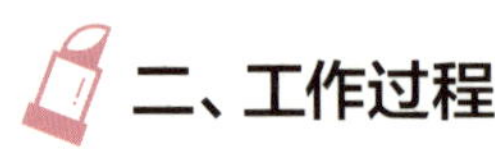

二、工作过程

（一）工作标准

职业妆工作标准如表1-2-1所示。

表1-2-1 职业妆工作标准

内 容	标 准
准备工作	工作区域干净整齐，工具齐全，码放整齐，仪器设备安装正确，个人卫生仪表符合工作要求
操作步骤	能够独立对照操作标准，使用准确的技法、按照规范的操作步骤完成实际操作
操作时间	在规定时间内完成项目
操作标准	修饰后粉底涂抹均匀，肤色自然，无明显浮粉
	眉形流畅，线条精致，边缘整洁
	眼线紧贴睫毛根部，线条干净整齐，突出眼部神韵
	眼影在眼窝范围以内，有层次过渡，色彩柔和，符合职业妆的大气稳重
	睫毛自然卷翘，腮红位置正确，口红完美，唇形颜色柔和，与整体色彩协调
整理工作	工作区域干净整洁、无死角，工具仪器消毒到位，收放整齐

（二）关键技能

1. 眼影的描画

眼影的描画如图1-2-2～图1-2-5所示。

（1）涂抹眼影底色。

描画眼影时，先用大号眼影刷蘸取白色或肉色眼影，均匀地涂抹在上眼睑打底。

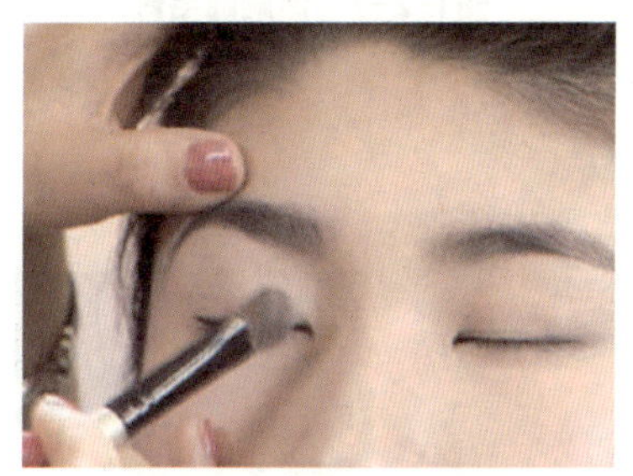

图1-2-2　涂抹眼影底色

（2）眼窝内平涂。

用中号眼影刷蘸取所需颜色的眼影，从外眼角起笔，由外向内均匀涂抹想要的颜色，小面积过渡。

图1-2-3　眼窝内平涂

（3）晕染层次。

用大号眼影刷蘸取少量白色眼影将边缘颜色推开，和眼周围的皮肤有自然的过渡。

图1-2-4　晕染层次

（4）整体修饰。

为了使眼部变得更加立体，用小号眼影刷蘸取深棕色眼影过渡眼线，让眼影有从深至浅的层次感，最后可用白色眼影在眉骨处适当提亮。

图1-2-5　整体修饰

2. 睫毛的涂刷

睫毛的涂刷如图1-2-6～图1-2-7所示。

（1）用睫毛夹夹睫毛。

首先把睫毛夹到合适的弧度，从根部，再到中部，最后是睫毛尖。注意力度不可太大，夹住睫毛停留三秒钟左右即可。

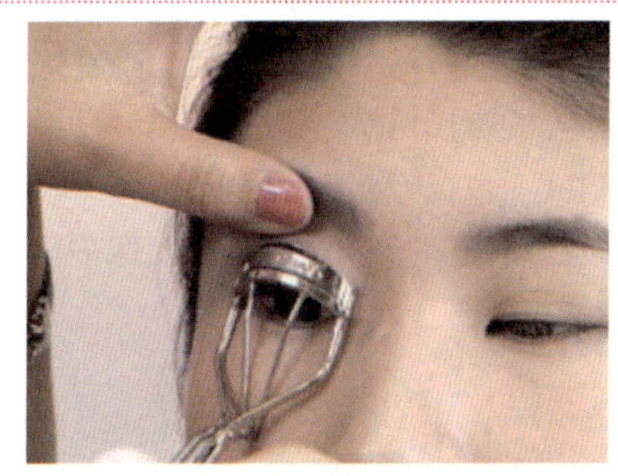

图1-2-6　用睫毛夹夹睫毛

(2) 涂刷睫毛膏。

涂刷睫毛膏，以“之”的手法刷睫毛，以从睫毛尖刷起，再刷中间部分，最后刷睫毛根部的顺序分段式夹睫毛，这样夹的睫毛自然又卷翘。注意不能一次涂太多睫毛膏，睫毛会因为太重而失去弧度。

图1-2-7 涂刷睫毛膏

3. 口红的描画

口红的描画如图1-2-8～图1-2-9所示。

(1) 涂抹口红。

用唇刷蘸取适量口红沿着唇轮廓均匀涂抹在唇部，涂抹唇角时让模特微微张开呈微笑状，这样让唇部皮肤拉紧，有利于口红均匀上色。并让边缘线条整齐清晰。

图1-2-8 涂抹口红

(2) 整体修饰。

用棉签和遮瑕膏修饰边缘线条，使之干净清晰。

图1-2-9 整体修饰

(三) 操作流程

操作流程如图1-2-10～图1-2-24所示。

(1) 接待模特/顾客。

请模特坐在舒适的化妆椅上，调整好坐姿，观察模特面部特征，模特肤质为偏油性，鼻翼毛孔粗大易出油。

注意：将披肩围在模特的肩上，保护模特的衣领部卫生。

图1-2-10 接待模特/顾客

（2）准备工具和材料。

按照要求摆放化妆品和工具。

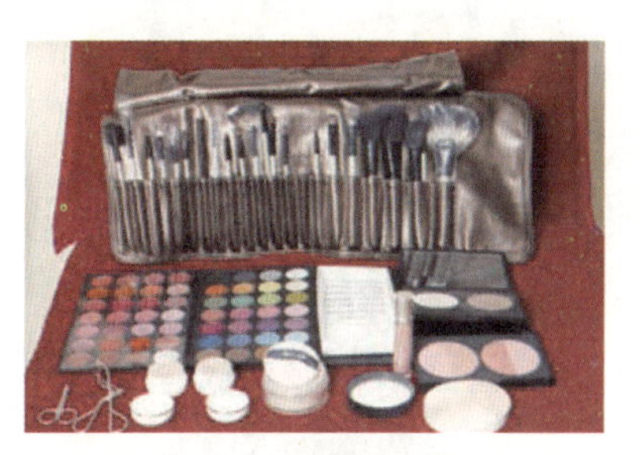

图1-2-11　准备工具和材料

（3）选择相应的护肤品。

为此模特选择清爽型润肤水和滋润面霜。

图1-2-12　选择相应的护肤品

（4）进行底妆的涂抹。

以五点打法均匀地涂抹模特面部，然后用海绵找一下发髻线过渡。

注意：涂抹方向是由面部中央往外围晕染，顺着毛孔生长方向。鼻翼、嘴角等部位不要遗漏。颜色要衔接上。在涂抹底妆前，需要清洁双手，倒取适量的护肤品为模特涂抹面部。

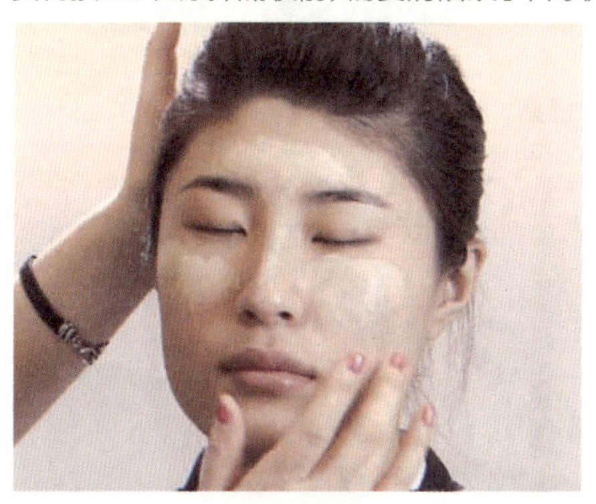

(a)

(b)

(c)

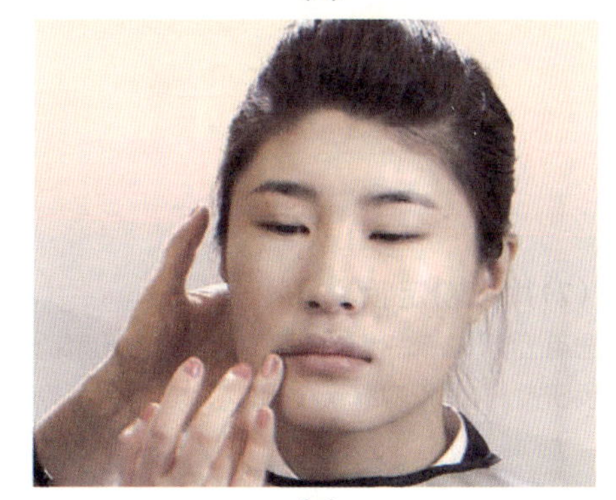

(d)

图1-2-13　进行底妆的涂抹

（5）提亮。

在额头、鼻梁、下巴处和下眼睑涂抹提亮膏。职业妆的提亮轮廓感可以稍微强一些。

注意：提亮膏和周边皮肤的衔接色。边缘用刷子或手指晕染开，不能留痕迹。不能忽略下眼睑边缘。双眼睑的遮盖要厚重一些。上眼睑如果是内双，我们要涂得厚实些，以免脱妆。

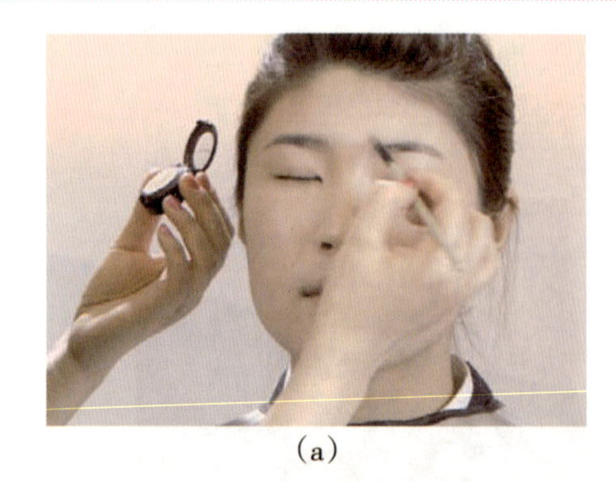

（a）

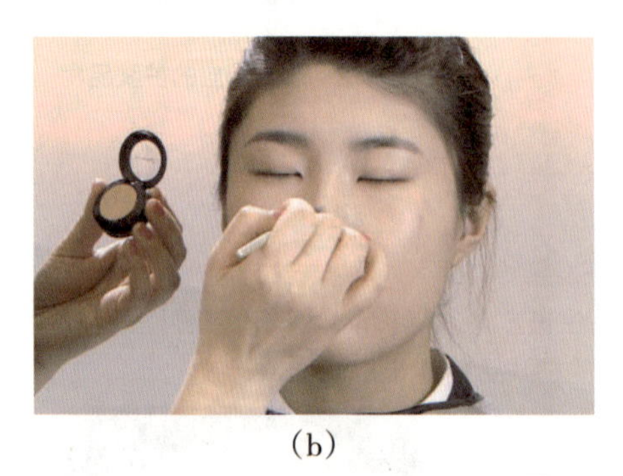

（b）

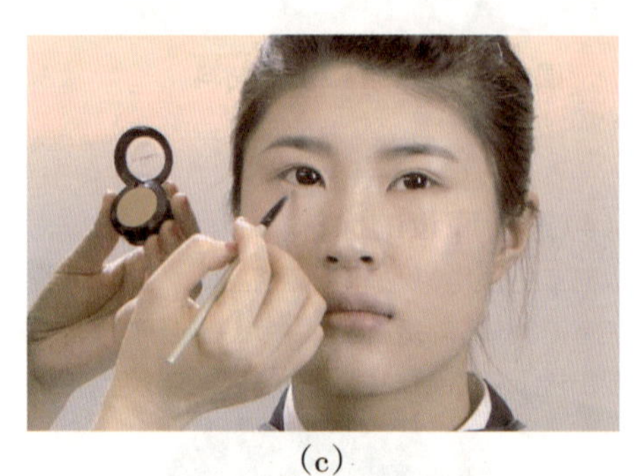

（c）

图1-2-14 提亮

（6）暗影。

职业妆的暗影修饰轮廓感可以稍微强一些。要注意边缘的过渡。如果模特很瘦，暗影的步骤是可以省略的。

图1-2-15 暗影

（7）用散粉定妆。

选用透明、轻薄质地的散粉，用大号散粉刷蘸取定妆粉均匀轻扫面部，并用粉扑局部小面积地定妆压实，这样不容易晕妆。眼睑和鼻翼嘴角等易脱妆部位重点定妆。

(a)

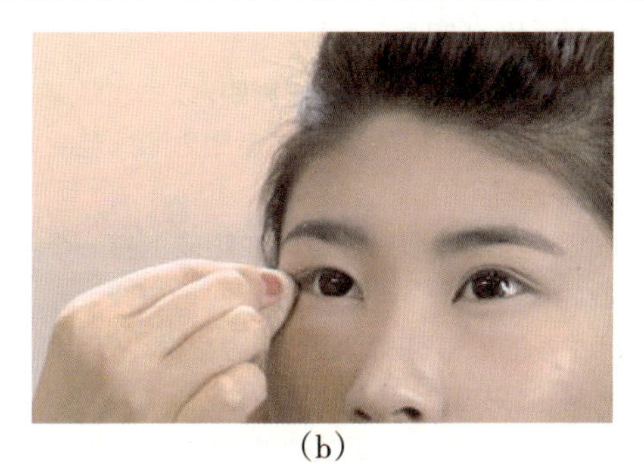
(b)

图1-2-16　用散粉定妆

(8)描画眉毛。

按照标准眉形的画法描画眉毛。

注意：职业妆的眉形相对要求更加精致一些。形状上要能弥补脸形的不足。

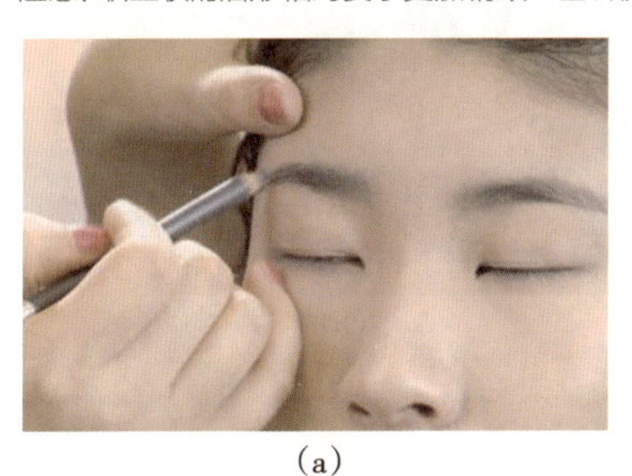
(a)

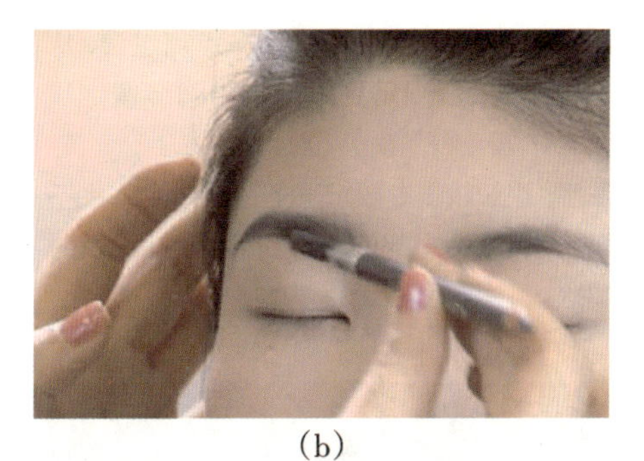
(b)

图1-2-17　描画眉毛

(9)描画眼线。

请模特闭眼，手指轻轻按压在模特眼皮上。用眼线笔从后眼尾睫毛根处着笔，轻轻往前画。

注意：线条要干净整齐。

图1-2-18　描画眼线

（10）描画眼影。

用大、中，小三个不同的眼影刷，以先浅后深的顺序，依次涂抹眼影，注意眼影涂抹范围不要超出眼窝。

先用大号刷蘸取白色眼影在眼皮上打一个底。

用中号的眼影刷蘸取暖棕色眼影粉，从后眼尾起笔，贴着睫毛根，小面积过渡。

用小面积眼影刷做眼线的过渡，这样让眼睛显得更深邃、更立体。

及时用散粉刷扫掉多余的掉落的眼影。

对于眉毛和眼睛比较窄的人，可以用白色的眼影粉在眉骨做一个提亮，让眼睛更立体，色彩之间的对比更清晰。

模特的睫毛稍微有点稀疏，可以在睫毛根的后半部分，蘸取黑色眼影加一点点过渡，从宽到细，从后眼尾到眼球的中间慢慢地过渡。

注意：职业妆眼影要求干净、精致，色彩上不夸张，脸上有局部的眼影粉掉落时，要及时清除。

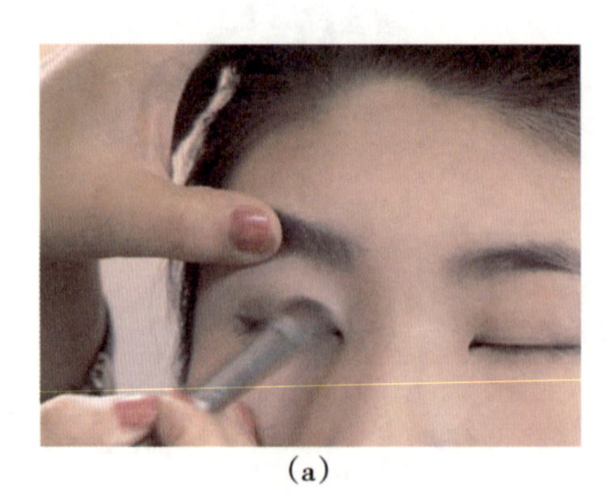

(a)

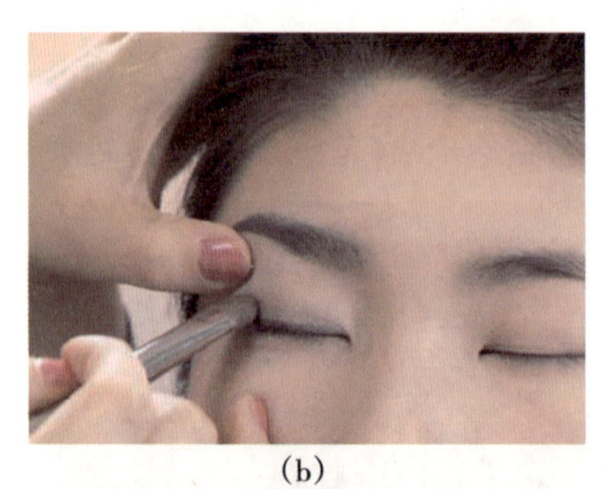

(b)

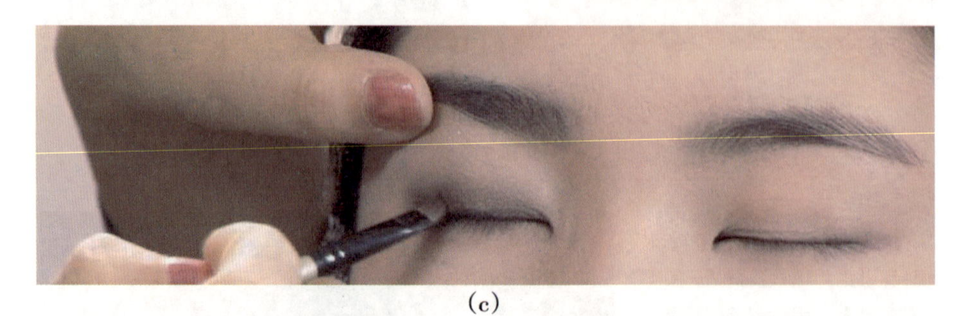

(c)

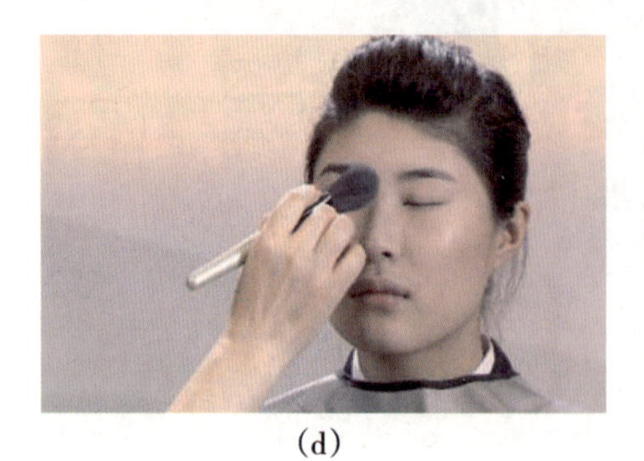

(d)

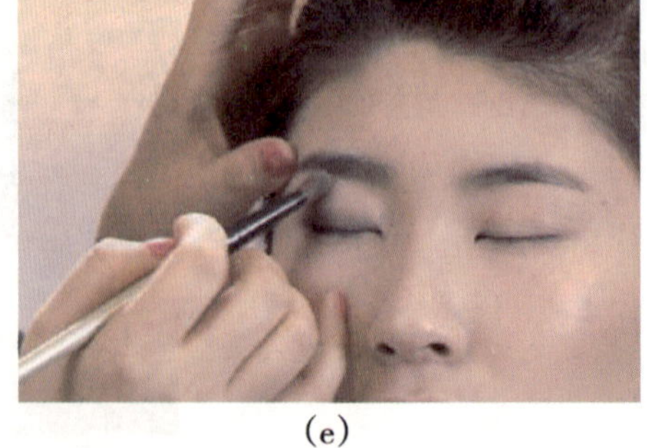

(e)

图1-2-19 描画眼影

（11）涂抹腮红。

用腮红刷蘸取少量腮红，涂抹在骨窝处，均匀推开，自然晕染。

图1-2-20　涂抹腮红

（12）涂抹口红。

按照要求涂抹口红，职业妆口红可用亚光和微珠光，尽量不用特别艳丽浓重的珠光质地。模特的唇色稍微偏暗，可以打裸色的底，让模特微微张开嘴，嘴角的线条要画得很整齐，然后涂抹口红，仍然从唇的边缘轮廓起，再去填补中间的颜色，最后可以用遮瑕笔修饰唇边缘。

图1-2-21　涂抹口红

（13）用睫毛夹夹睫毛。

让模特睁开眼睛往下看，轻轻提起眼皮，夹睫毛分为三段：睫毛根部、睫毛中部、睫毛尖，夹住睫毛，停住三秒，松开。

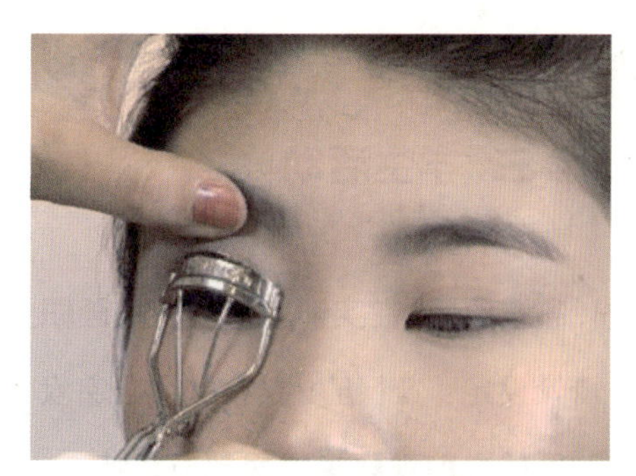

图1-2-22　用睫毛夹夹睫毛

（14）涂刷睫毛。

以"之"字形涂刷睫毛膏。下睫毛采用小号的眼睑刷蘸深色的眼影，加重下眼线的颜色。

注意：

涂抹后，请模特闭目停留几秒钟不要眨眼，以免粘到下眼睑。

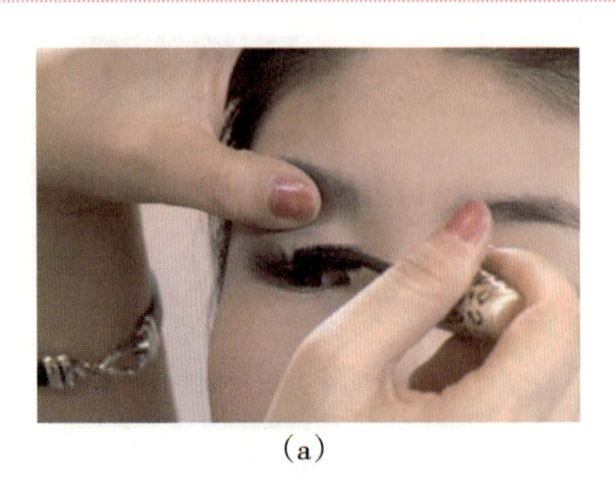
(a)

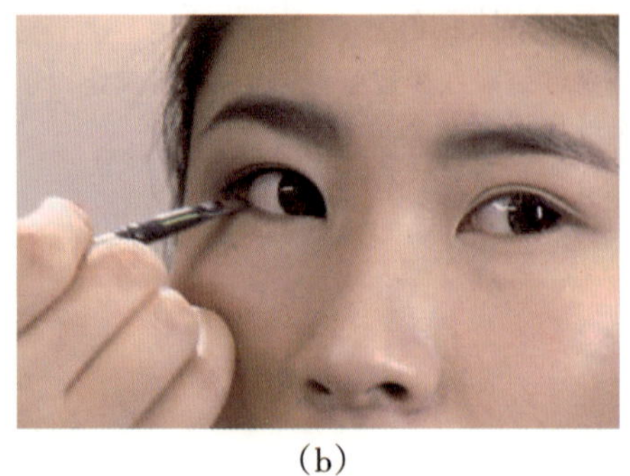
(b)

图1-2-23 涂刷睫毛

（15）整体修饰。

检查有无晕妆、脏妆等问题。

图1-2-24 整体修饰

三、学生活动

（一）工作过程

1. 布置项目：在实训室为模特描画职业妆

情景设定：二十五岁左右的办公室女性妆容，服装为职业套装。

2. 开始之前观察模特面部五官特点、皮肤肤质和肤色等特征

（1）根据模特肤质选择合适的护肤品和底妆产品。

（2）根据模特职业需要和五官特点设计职业妆的画法。

（3）妆面的颜色不能太多，要符合职业妆简洁大方的风格。

3. 你可能会遇到的问题

（1）眼影过渡没有立体感怎么办？

（2）唇形容易出现左右不对称怎么办？

4. 你需要特别注意的问题

（1）职业妆的粉底颜色不可太过夸张，尽量靠近原肤色。

（2）职业妆眼影不能选择太夸张的颜色，通常以棕色、蓝色、紫色为主。

我发现的问题及解决之道：

____

____

____

（二）工作评价

日妆职业妆工作评价标准如表1-2-2所示。

表1-2-2　日妆职业妆工作评价标准

评价内容	评价标准			评价等级
	A（优秀）	B（良好）	C（及格）	
准备工作	工作区域干净整齐，工具齐全，码放整齐，仪器设备安装正确，个人卫生仪表符合工作要求	工作区域干净整齐，工具齐全，码放比较整齐，仪器设备安装正确，个人卫生仪表符合工作要求	工作区域比较干净整齐，工具不齐全，码放不够整齐，仪器设备安装正确，个人卫生仪表符合工作要求	A B C
操作步骤	能够独立对照操作标准，使用准确的技法，按照规范的操作步骤完成实际操作	能够在同伴的协助下对照操作标准，使用比较准确的技法，按照比较规范的操作步骤完成实际操作	能够在老师的指导帮助下，对照操作标准，使用比较准确的技法，按照比较规范的操作步骤完成实际操作	A B C
操作时间	规定时间内完成项目	规定时间内在同伴的协助下完成项目	规定时间内在老师帮助下完成项目	A B C
操作标准	修饰后粉底涂抹均匀，肤色自然，无明显浮粉	修饰后粉底涂抹均匀，肤色自然	修饰后粉底涂抹均匀，但有细微浮粉	A B C
	眉形流畅，线条精致，边缘整洁	眉形流畅，线条精致	眉形有立体感，边缘略粗糙，有改动痕迹	A B C

续表

评价内容	评价标准			评价等级
	A（优秀）	B（良好）	C（及格）	
操作标准	眼线紧贴睫毛根部，线条干净整齐，突出眼部神韵	眼线紧贴睫毛根部，线条清晰	眼线紧贴睫毛根部，线条不够整洁，有改动痕迹	A B C
	眼影以亚光色调为主，在眼窝范围以内，有层次过渡，色彩柔和，符合职业妆的大气稳重	眼影以亚光色调为主，在眼窝范围以内，有层次过渡	眼影在眼窝范围内，层次感不明显	A B C
操作标准	睫毛自然卷翘，腮红位置正确，用口红勾勒完美唇形，颜色柔和，与整体色彩协调	睫毛自然，腮红位置正确。用口红勾勒完美唇形	睫毛自然，腮红位置正确。口红颜色搭配无亮点	A B C
整理工作	工作区域干净整洁、无死角，工具仪器消毒到位，收放整齐	工作区域干净整洁，工具仪器消毒到位，收放整齐	工作区域较凌乱，工具仪器消毒到位，但收放不整齐	A B C
学生反思				

四、知识链接

（一）如何选择画眼线的工具

根据妆面需要和模特自身眼睛的特点选择合适的画眼线产品，比如眼线笔线条清晰，易改妆擦除；眼线液着色重，用于浓妆效果很好；眼线膏上色均匀，并且好晕染，和眼影有过渡效果。

（二）如何用眼线矫正不同的眼形

（1）标准眼形：上眼线紧贴睫毛根部，后眼尾眼线可略微加粗加长，下眼线可淡化，或从后眼尾勾画到眼球下方，由粗到细。

（2）上吊眼：上眼线宽度填满睫毛根部即可，不可上扬，平拉到后眼尾略微加长。

（3）下垂眼：上眼线宽度从内眼角开始由细到粗，至后眼尾末梢处略微上扬，视觉上提高外眼角高度。

（4）两眼间距近：又称向心眼，不要刻意勾画内眼角眼线，后眼尾的眼线刻意适当往外拉长，眼线由内眼角向后眼尾由细至粗，这样可以缓解两眼间距近的视觉感。

（5）两眼间距远：又称离心眼，可以适当强调内眼角眼线，后眼尾眼线不宜加长。

（6）肿眼睛：由于上眼睑皮下组织过于丰满，使眼睛有突出的感觉，所以在描画眼线时，内眼角上眼线宽，眼尾向后拉长，眼球中部眼线尽量减少弧度，增加眼睛的张力，从而在视觉上起到调整眼形的作用。

专题实训

一、个案分析

学校学生会组织学生进行社区实践活动，为社区的阿姨们画生活淡妆。但是化完妆后，很多人悄悄擦拭眼妆和口红，问及原因，都说不太能接受这么浓的妆，可是化妆的学生觉得妆面和自己平时在学校画的浓度差不多，为什么别人不能接受呢？

请你仔细分析原因，在空白处写出你的想法。

____

二、专题活动

搜集不同的日妆图片，将每个图片的妆面分析和心得记录下来，带到课堂讲评。图片搜集要求：

（1）二十多岁年轻女孩生活淡妆图片。

（2）四十岁左右女性日妆图片。

（3）二十岁左右的女性职业妆图片。

（4）四十多岁女性职业妆图片。

三、课外实训记录表

请将你在本单元学习期间参加的各项专业实践活动情况记录在表1–2–3中。

表1–2–3 本单元课外实训记录表

服务对象	时间	工作场所	工作内容	服务对象反馈

单元二　新娘妆

单元导读

内容介绍

几乎所有的女人都承认，婚礼那天的新娘是最美的。从古至今，新娘在婚礼上的形象都是备受关注的，不管是古装还是现代中式服装，或者是西式的婚纱，新娘妆（如图2–1–1所示）都是根据服装和新娘本身的气质特点来设定的最完美妆容，如果说美丽分内敛和绽放，那么，新娘妆则需要这二者合一，无数赞美之词，尽在那流光溢彩的明眸朱唇间。

图2–1–1　新娘妆

单元目标

（1）能够通过观察，分析模特的五官特征。

（2）能够借助新娘妆的技术，矫正五官的不足。

（3）能按照程序进行新娘妆的描画。

（4）会使用正确的方法描画新娘婚礼妆和新娘舞台妆。

 新娘婚礼妆

项目描述

新娘婚礼妆因场合和服装的关系，对妆面有更多细节的要求，比如待妆时间的长短、妆面的浓度等。所以新娘婚礼妆几乎成了一个合格的化妆师的门槛，如图2-1-2所示。

图2-1-2　新娘婚礼装

工作目标

（1）能够通过观察，判断模特肤质的状况，选择适当的化妆品和工具。

（2）能够借助新娘婚礼妆的技术，修饰面部皮肤和五官的瑕疵。

（3）能按照程序进行新娘婚礼妆的描画。

（4）会使用正确的方法描画新娘婚礼妆。

 一、知识准备

（一）新娘婚礼妆的含义

新娘婚礼妆是指婚礼当日新娘为搭配服装所描画的妆容。根据新娘年龄和五官特征在妆面色调和风格上可以有一定的创作。

（二）新娘婚礼妆的作用

（1）调整面部五官的瑕疵和不足，让新娘的气质达到一个最佳的状态。

（2）搭配服装和发型，更能突出新娘柔美、高贵、端庄大气的特点。

（3）出席婚礼仪式的礼仪需要。

（三）新娘婚礼妆的特点

首先，清新自然、柔美纯洁、端庄大气又喜庆是新娘婚礼妆妆容重要的特点。其次，可以根据新娘的年龄和特征、搭配的服装等来设计适合的妆容色调。通常以暖色调居多，粉底自然薄透，局部遮瑕，睫毛和眼线的修饰突出眼妆的明媚和神采。

（四）准备工具和材料

化妆套刷、妆前护肤品、粉底液、粉底膏、遮瑕膏、定妆散粉、海绵扑、修眉工具、眉笔、眉粉、眼线笔、眼线液、眼线膏、眼影粉、睫毛膏、睫毛夹、假睫毛、睫毛胶、腮红粉、口红、唇彩、润唇膏、棉签。

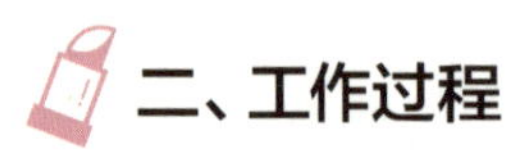

二、工作过程

（一）工作标准

新娘婚礼妆工作标准如表2-1-1所示。

表2-1-1 新娘婚礼妆工作标准

内　容	标　准
准备工作	工作区域干净整齐，工具齐全，码放整齐，仪器设备安装正确，个人卫生仪表符合工作要求
操作步骤	能够独立对照操作标准，使用准确的技法、按照规范的操作步骤完成实际操作
操作时间	在规定时间内完成项目
操作标准	修饰后粉底涂抹均匀，肤色自然有质感，五官轮廓分明，无明显浮粉
	眉形有立体感，线条精致，边缘整洁，并调整脸形
	眼线调整眼形，线条干净整齐，突出眼部神韵
	眼影在眼窝范围以内，有层次过渡，色彩符合新娘婚礼妆要求
	假睫毛粘贴自然，贴合眼形，腮红位置正确，口红颜色与整体色彩协调
整理工作	工作区域干净整洁、无死角，工具仪器消毒到位，收放整齐

（二）关键技能

1. 粉底的涂抹

粉底的涂抹如图2-1-3～图2-1-6所示。

（1）五点打法。

用手或粉底刷蘸取少量粉底液，从额头、两边脸颊、鼻梁、下巴等区域，呈五点状，以由内向外的方向在脸部均匀涂抹开，与脖子的边缘有一个衔接，看起来更自然。

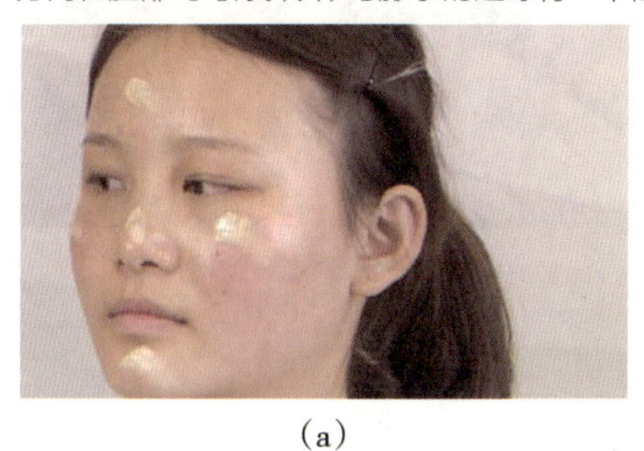
（a）

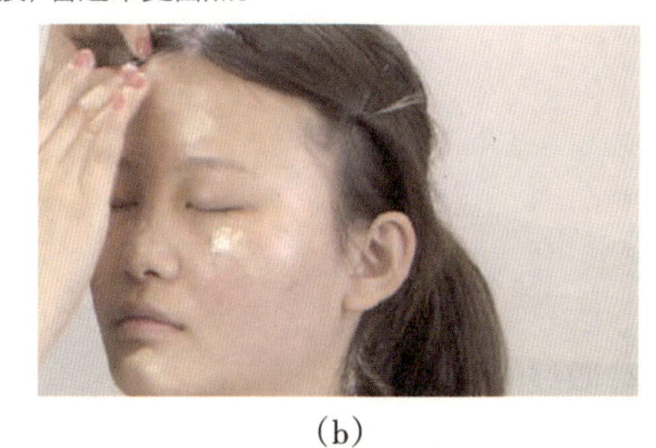
（b）

图2-1-3　五点打法

（2）面部遮瑕。

可用遮瑕膏轻轻涂抹在瑕疵处，遮盖色斑或眼袋、黑眼圈等肤色瑕疵，让面部肤色尽量均匀一致。

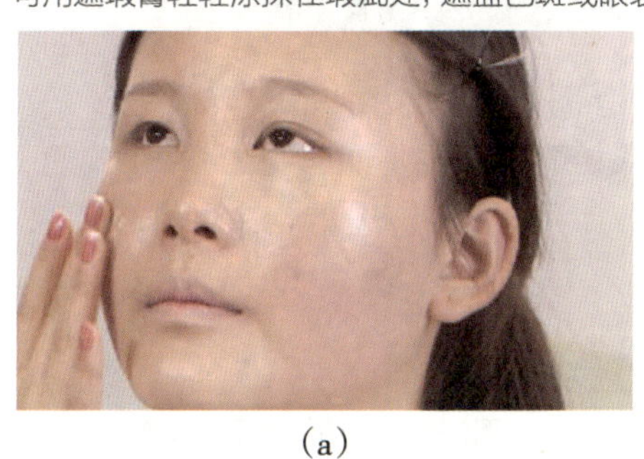
（a）

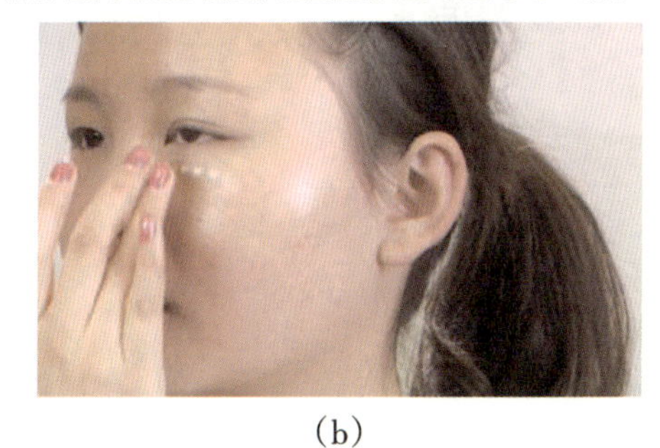
（b）

图2-1-4　面部遮瑕

（3）“T”区提亮。

蘸取浅色粉底膏涂抹在额头和鼻梁处、嘴巴的“U”形处，边缘自然过渡。

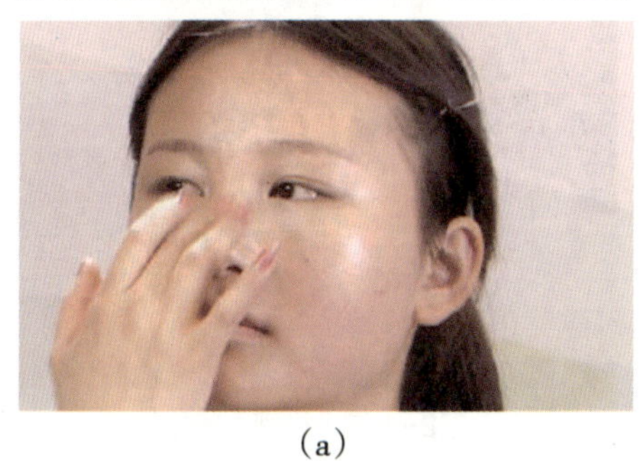
（a）

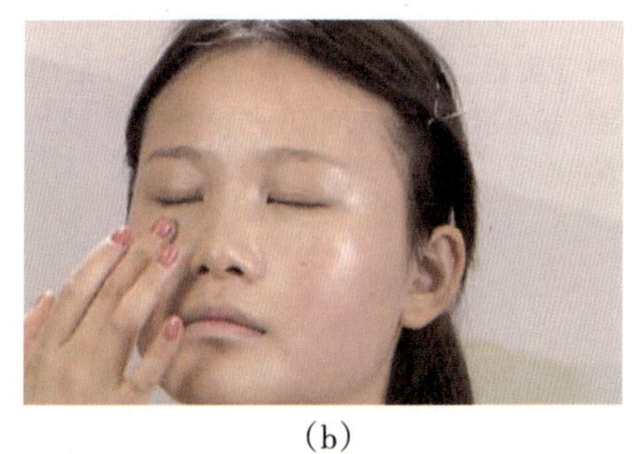
（b）

图2-1-5　“T”区提亮

（4）暗影修饰。

用粉底刷蘸取深色粉底膏涂抹在鼻子两侧和骨窝处，均匀晕染开，注意鼻侧影和暗影都应浅淡自然，不能太过明显，破坏妆面的柔和。

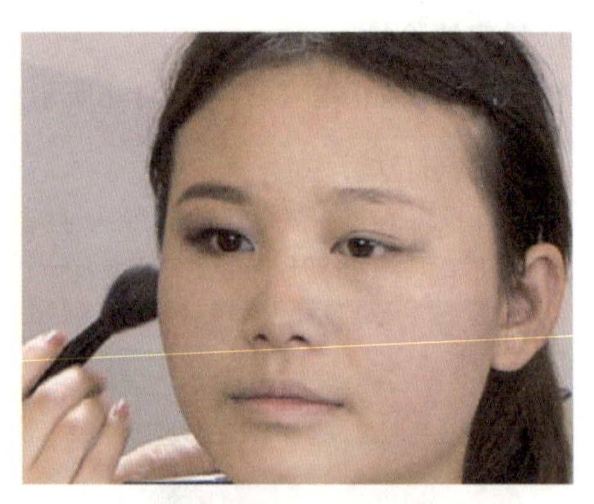

图2-1-6 暗影修饰

2. 眼线的描画

眼线的描画如图2-1-7~图2-1-9所示。

（1）请模特配合操作。

用眼线膏描画眼线，请模特闭上眼睛，用手轻轻按住模特眼皮。

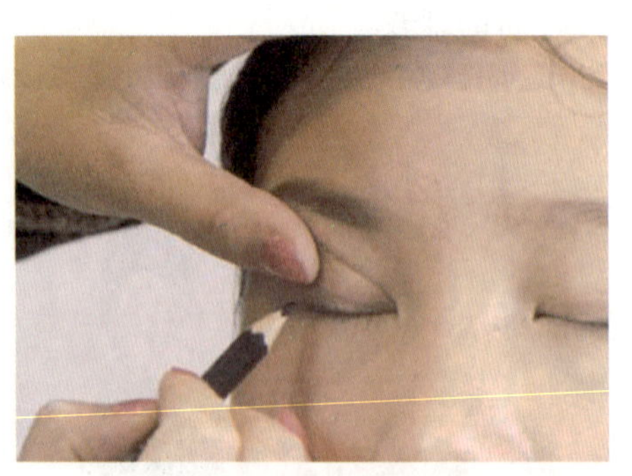

图2-1-7 请模特配合操作

（2）描画上眼线。

用眼线笔紧贴睫毛根部一点点填满上眼线，至后眼尾末梢处逐渐细化，呈现自然收尾。注意：手要稳，力度均匀，边缘整洁清晰，后眼尾眼线宽度略宽于前面，视觉上眼形有种上扬的感觉，这样看起来比较妩媚。

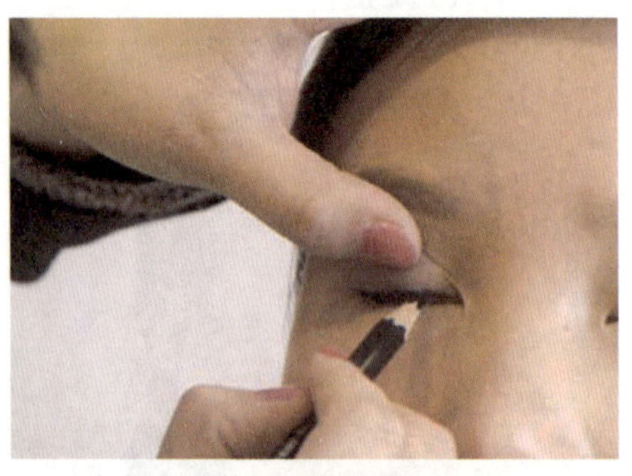

图2-1-8 描画上眼线

（3）描画下眼线。

描画下眼线时，可用眼线笔描画，也可用深色眼影粉代替，放轻力度，避免长时间刺激眼睑，导致流眼泪造成晕妆，长度保持在后眼尾的1/3处即可。

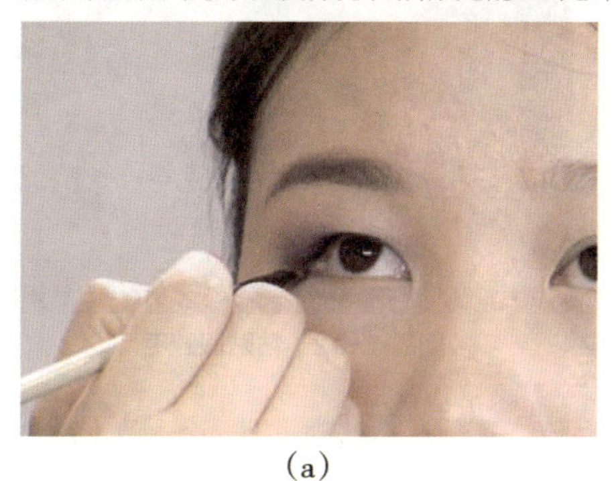

（a）

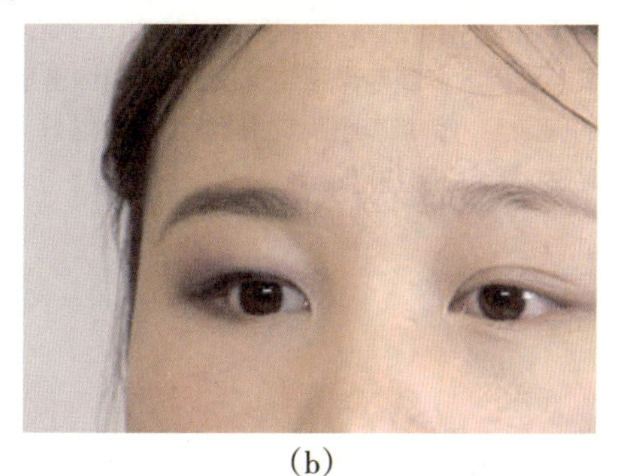

（b）

图2-1-9　描画下眼线

3. 假睫毛的粘贴

假睫毛的粘贴如图2-1-10～图2-1-13所示。

（1）夹睫毛。

把睫毛夹到自然合适的弧度，示意模特向下看，先夹睫毛的根部，接着是中部，最后是睫毛的梢。

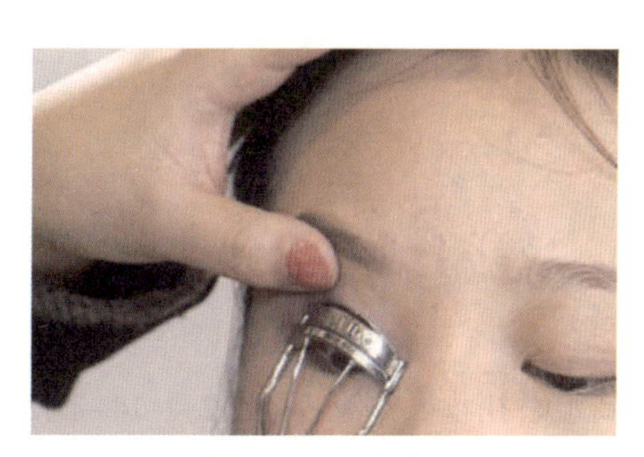

图2-1-10　夹睫毛

（2）刷睫毛膏。

示意模特向下看，薄薄涂一层睫毛膏，为下一步粘贴假睫毛做准备，注意太厚重的睫毛膏容易晕妆。

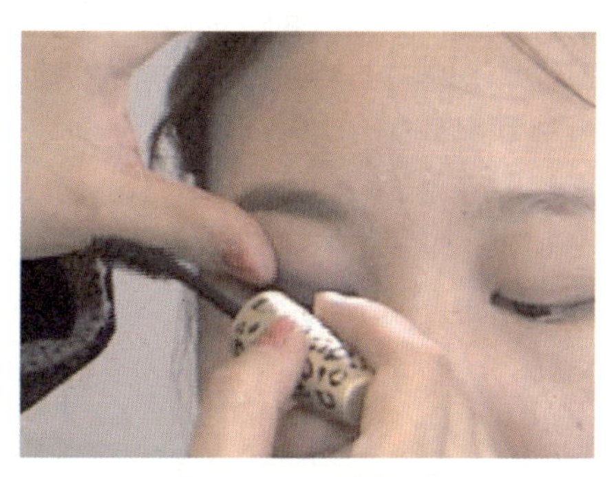

图2-1-11　刷睫毛膏

(3) 粘贴假睫毛。

在粘眼睫毛时，可根据模特的眼形对假睫毛进行修剪，涂胶时不能太厚，也不可太薄，太厚容易晕妆，太薄容易掉。为突显眼妆的立体效果，又不会因太多睫毛膏导致晕妆，可选用浓密型的假睫毛，顺着睫毛根部的自然弧度粘贴好，粘贴时紧贴睫毛根部。

图2-1-12 粘贴假睫毛

(4) 整体修饰。

假睫毛根部对眼线有部分遮盖，可用眼线膏再次强调眼线效果。

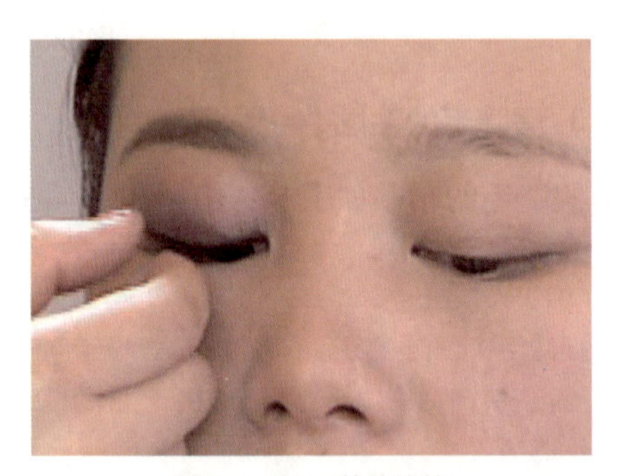

图2-1-13 整体修饰

(三) 操作流程

新娘婚礼妆操作流程如图2-1-14～图2-1-26所示。

(1) 接待顾客/模特。

请模特坐在舒适的化妆椅上，调整好坐姿，观察模特面部特征，模特肤质为中干性，毛孔细小，面颊稍微偏干且发红，眉毛浅淡，有轻微眼袋，睫毛稀疏。

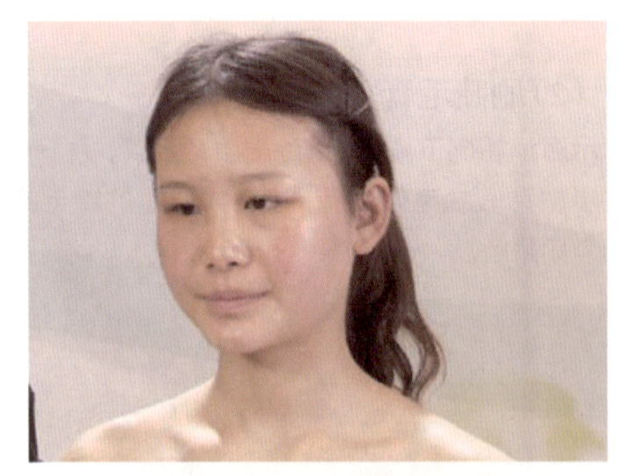

图2-1-14 接待顾客/模特

（2）准备工具和材料。

按照要求摆放化妆品和工具。

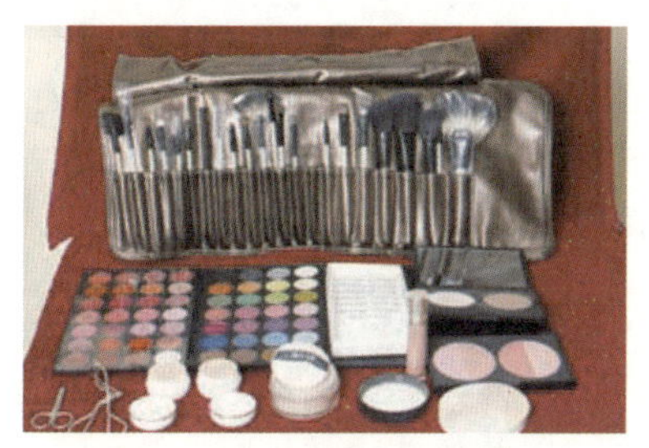

图2-1-15　准备工具和材料

（3）选择相应的护肤品。

为此模特选择滋润型润肤水和营养面霜。

图2-1-16　选择相应的护肤品

（4）进行底妆的涂抹。

用 “五点法” 将粉底液均匀涂于面部皮肤，使面部肤色均匀。用浅色粉底膏提亮 “T” 区。注意：在涂抹底妆前，需要清洁双手，并倒取适量的护肤品为模特涂抹面部。

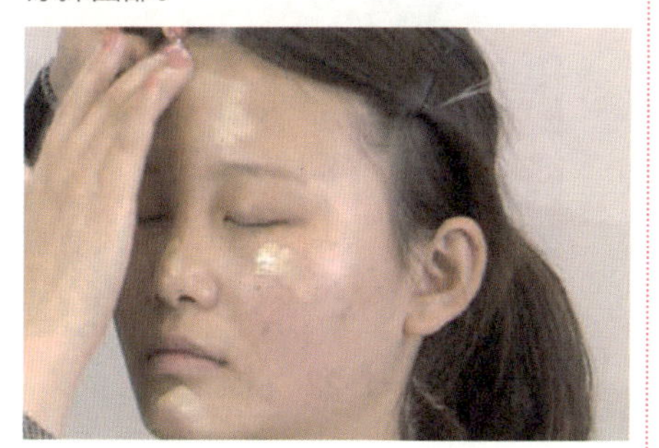

图2-1-17　进行底妆的涂抹

（5）暗影修饰。

用浅棕色粉底膏均匀涂抹在骨窝位置，加深面部轮廓的立体感。

图2-1-18　暗影修饰

（6）用散粉定妆。

用大号散粉刷蘸取定妆粉均匀轻扫在面部，并用粉扑压实。眼睑和鼻翼嘴角等易脱妆部位重点定妆，定完妆后，用手指轻触，没有黏黏的感觉即可。

图2-1-19　用散粉定妆

（7）描画眉毛。

用眉刷蘸取眉粉轻扫出眉形，眉峰处颜色略深，眉形自然流畅，眉峰不要太高，否则给人一种距离感，眉头和眉尾处浅淡，使之有立体感。

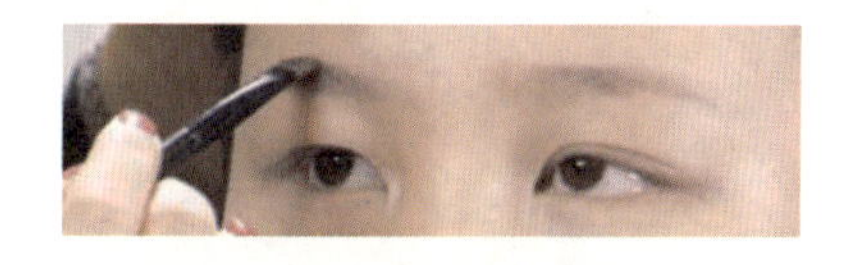

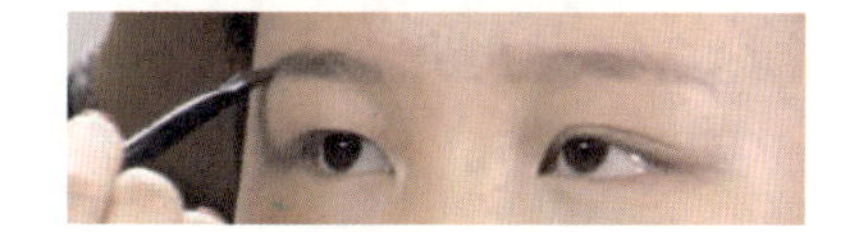

图2-1-20　描画眉毛

(8)描画眼线。

按照要求描画眼线。

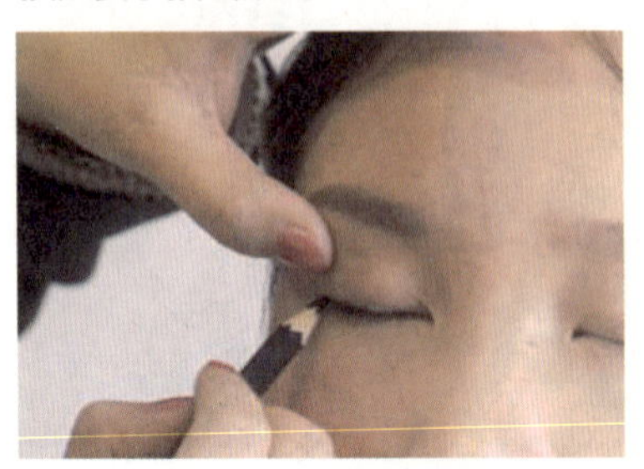

图2-1-21 描画眼线

(9)描画眼影。

按照要求涂抹眼影，眼影的选择以暖色系为主，后眼尾处颜色可以稍微加深一些，眼影位置保持在眼窝之内，不能超过眉骨。注意新娘妆眼影不可太过浓重，要符合妆面干净清新的特点。

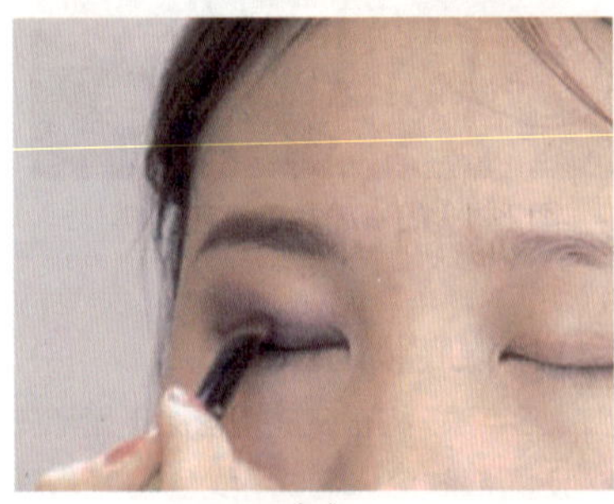

(a)

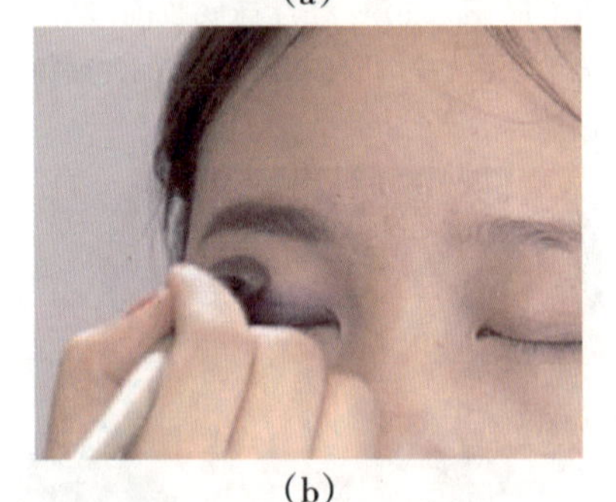

(b)

图2-1-22 描画眼影

(10)涂抹腮红。

用腮红刷蘸取少量腮红，涂抹在笑肌上，均匀推开，自然晕染。

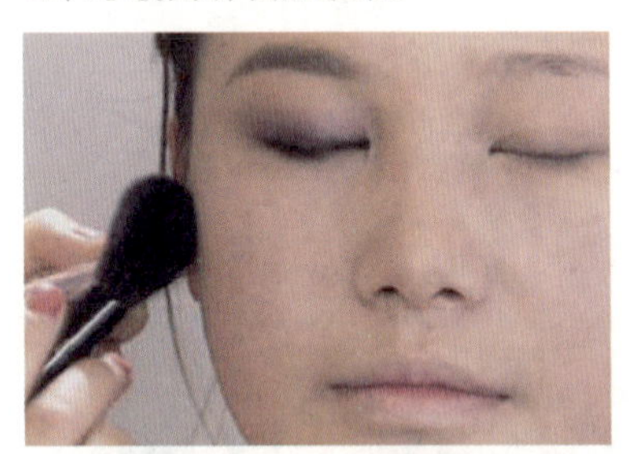

图2-1-23 涂抹腮红

(11)涂抹口红。

先用同色唇线笔勾勒完美唇形，下唇宽于上唇，再用唇刷蘸取适量口红均匀涂抹在唇部，涂抹时紧压唇线边缘，注意边缘线条要干净整齐。最后用唇彩点缀唇中间，体现光泽和饱满。

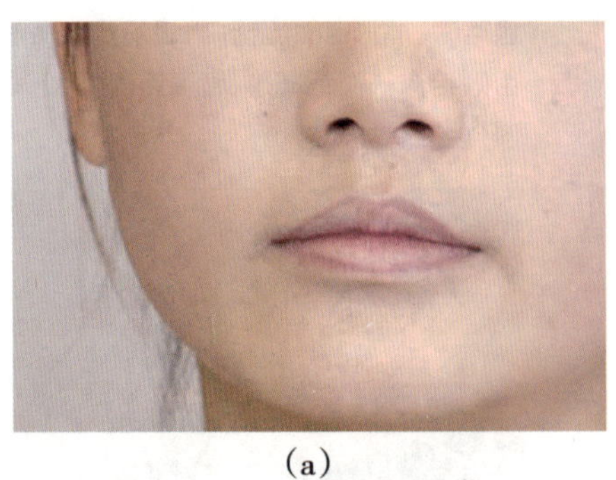

(a)

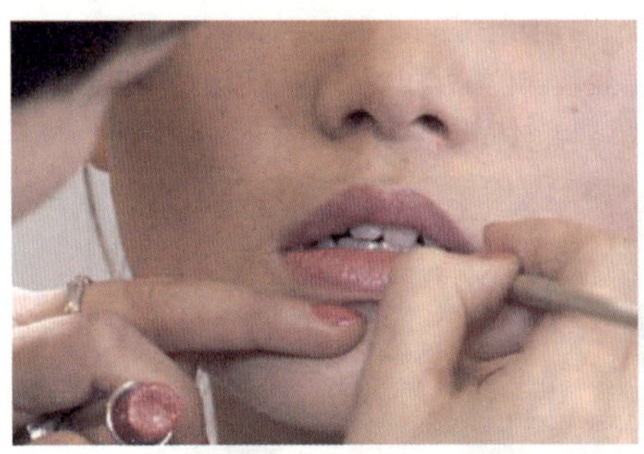

(b)

图2-1-24 涂抹口红

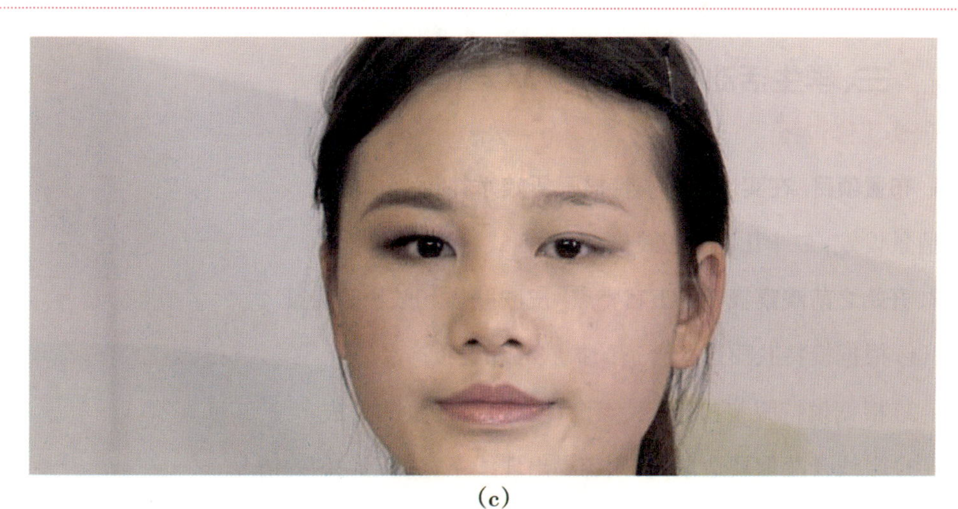

(c)

图2-1-24　涂抹口红(续)

(12)涂刷睫毛。

首先把睫毛夹到合适的弧度，再以“之”的手法刷睫毛，薄薄刷一层即可。然后，取出准备好的假睫毛沿着睫毛根部粘贴即可。

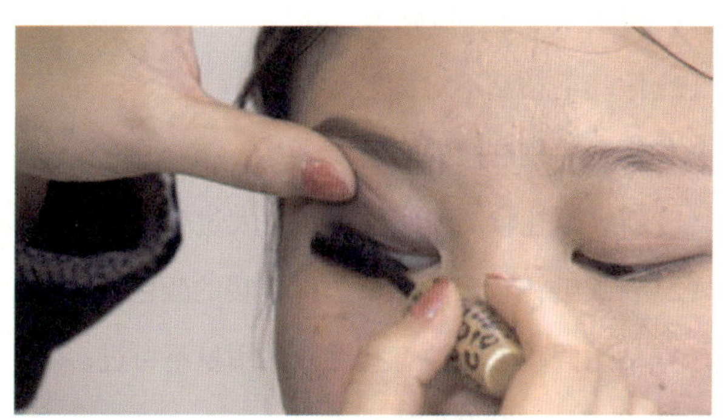

图2-1-25　涂刷睫毛

(13)整体修饰。

检查有无晕妆、脏妆等问题。

图2-1-26　整体修饰

三、学生活动

（一）工作过程

1. 布置项目：在实训室为模特描画新娘婚礼妆

情景设定：二十几岁的新娘，服装为西式婚纱。

2. 开始之前观察模特的五官特点、皮肤肤质和肤色等特征

（1）根据模特肤质选择合适的护肤品和底妆产品。

（2）根据模特服装和五官特点设计新娘婚礼妆的画法。

（3）眼线膏蘸取要适量，否则容易出现线条宽度不均匀的情况。

（4）粘贴假睫毛时要根据眼形对假睫毛做适当修剪。

3. 你可能会遇到的问题

（1）粉底太厚重不服帖怎么办？

（2）假睫毛粘贴不对称怎么办？

4. 你需要特别注意的问题

（1）新娘婚礼妆的粉底颜色不可太过夸张，尽量靠近原肤色。

（2）新娘婚礼妆眼影尽量选择偏暖的颜色，通常以玫粉色、橘色系为主。

（3）粘贴假睫毛时注意睫毛胶的用量不可过多。

5. 我发现的问题及解决之道

____

____

____

____

____

____

____

（二）工作评价

新娘婚礼妆工作评价标准如表2-1-2所示。

表2-1-2　新娘婚礼妆工作评价标准

评价内容	评价标准			评价等级
	A（优秀）	B（良好）	C（及格）	
准备工作	工作区域干净整齐，工具齐全，码放整齐，仪器设备安装正确，个人卫生仪表符合工作要求	工作区域干净整齐，工具齐全，码放比较整齐，仪器设备安装正确，个人卫生仪表符合工作要求	工作区域比较干净整齐，工具不齐全，码放不够整齐，仪器设备安装正确，个人卫生仪表符合工作要求	A B C
操作步骤	能够独立对照操作标准，使用准确的技法，按照规范的操作步骤完成实际操作	能够在同伴的协助下对照操作标准，使用比较准确的技法，按照比较规范的操作步骤完成实际操作	能够在老师的指导帮助下，对照操作标准，使用比较准确的技法，按照比较规范的操作步骤完成实际操作	A B C
操作时间	规定时间内完成项目	规定时间内在同伴的协助下完成项目	规定时间内在老师帮助下完成项目	A B C
操作标准	修饰后粉底涂抹均匀，肤色自然有质感，五官轮廓分明，无明显浮粉	修饰后粉底涂抹均匀，五官轮廓分明，肤色自然	修饰后粉底涂抹均匀，但有细微浮粉	A B C
	眉形有立体感，线条精致，边缘整洁，并调整脸形	眉形有立体感，线条精致	眉形有立体感，边缘略粗糙，有改动痕迹	A B C
	眼线调整眼形，线条干净整齐，突出眼部神韵	眼线紧贴睫毛根部，线条清晰	眼线紧贴睫毛根部，线条不够整洁，有改动痕迹	A B C
	眼影在眼窝范围以内，有层次过渡，色彩符合新娘妆要求	眼影在眼窝范围以内，有层次过渡	眼影在眼窝范围内，层次感不明显	A B C
	假睫毛粘贴自然，贴合眼形，腮红位置正确，口红颜色与整体色彩协调	假睫毛粘贴自然，腮红位置正确。用口红勾勒唇形清晰，颜色符合新娘妆色调要求	假睫毛粘贴自然，腮红位置正确。口红颜色与整体搭配稍显不协调	A B C
整理工作	工作区域干净整洁，无死角，工具仪器消毒到位，收放整齐	工作区域干净整洁，工具仪器消毒到位，收放整齐	工作区域较凌乱，工具仪器消毒到位，但收放不整齐	A B C
学生反思				

四、知识链接

不同颜色底妆产品的效果

1. 自然色

自然色是基本色，遮盖面部色斑或眼袋等，因接近原肤色，遮盖后妆效更自然。

2. 红色

红色具健康红润效用，可改善脸色苍白。亦可作为腮红妆效。

3. 紫色

紫色修饰暗黄肤色，使肤色亮丽动人，使用量不宜过多，以免导致妆容不自然。

4. 白色

白色可用在“T”部位或眼下，使轮廓立体。

5. 苹果绿

苹果绿可改善敏感皮肤面颊发红或角质层薄造成的红血丝明显的问题，使肤色呈现白皙、透明感。

项目二　新娘舞台妆

项目描述

新娘舞台妆属于浓妆的范围，通常用于“T”台秀或拍摄。“T”台上的妆容总是炫目的，因为夸大了生活妆的各种细节，妆容特点是相对婚礼妆较夸张，服装和配饰的选择可以张扬个性美，所以新娘舞台妆也成了舞台上一道亮丽的风景。它华丽的造型和亮丽的妆容在灯光下吸引着无数的目光。如图2-2-1所示。

图2-2-1　新娘舞台妆

工作目标

（1）能够通过观察，判断模特肤质的状况，选择适当的化妆品和工具。

（2）能够借助新娘舞台妆的技术，达到妆容亮丽夸张唯美的效果。

（3）能按照程序进行新娘舞台妆的描画。

（4）会使用正确的方法描画新娘舞台妆。

一、知识准备

（一）新娘舞台妆的含义

新娘舞台妆是指婚礼主题的“T”台秀或拍摄新娘主题的妆容。根据新娘舞台服装和五官特征在妆面风格上适度夸张，妆面偏浓重，但色调还是偏暖色，以吻合新娘妆明媚和亮丽的特点。服装和配饰的搭配也可以有一定创意和改变。

（二）新娘舞台妆的作用

（1）婚礼主题的“T”台走秀。

（2）拍摄动态和静态的以婚礼为主题的新娘造型。

（3）以夸张的手法表达新娘妆的特点。

（三）新娘婚礼妆的特点

新娘舞台妆妆容修饰性强，明亮艳丽又不失高贵大气。可以根据新娘舞台服饰的特点，在妆容上有一定创新和改变。突出眼妆的结构和色彩，通常珠光和亮色使用较多。

（四）准备工具和材料

化妆套刷、妆前护肤品、粉底液、粉底膏、遮瑕膏、定妆散粉、海绵扑、修眉工具、眉笔、眉粉、眼线笔、眼线液、眼线膏、眼影粉、睫毛膏、睫毛夹、假睫毛、睫毛胶、腮红粉、口红、唇彩、润唇膏、棉签。

二、工作过程

（一）工作标准

新娘舞台妆工作标准如表2-2-1所示。

表2-2-1 新娘舞台妆工作标准

内 容	标 准
准备工作	工作区域干净整齐，工具齐全，码放整齐，仪器设备安装正确，个人卫生仪表符合工作要求
操作步骤	能够独立对照操作标准，使用准确的技法、按照规范的操作步骤完成实际操作
操作时间	在规定时间内完成项目
操作标准	修饰后粉底涂抹均匀，肤色自然，五官轮廓立体感强，无明显浮粉
	眉形精细流畅，边缘整洁
	眼影色彩艳丽，有层次过渡，立体感强，与舞台妆风格搭配协调
	睫毛粘贴自然并突显眼形，腮红位置正确并修正脸形，口红颜色与整体色彩协调
整理工作	工作区域干净整洁、无死角，工具仪器消毒到位，收放整齐

（二）关键技能

1. 底妆的修饰

底妆的修饰如图2–2–2～图2–2–3所示。

（1）粉底。

底妆可选择遮盖效果好的粉底膏打底，用自然色、提亮色和暗影色三种颜色的粉底膏来营造面部轮廓的立体感。

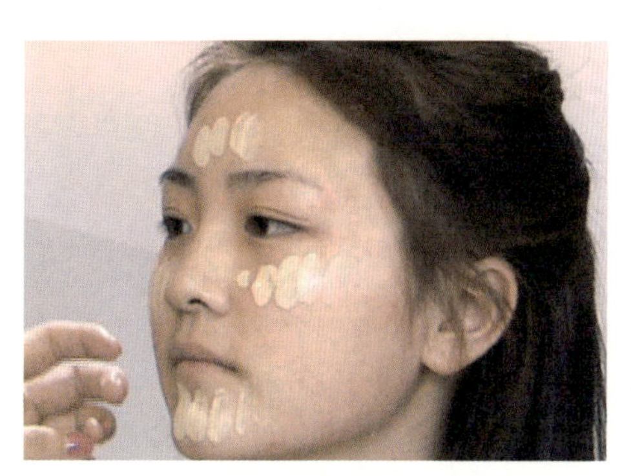

图2–2–2　粉底

（2）定妆。

定妆时要相对厚实，为了增加皮肤的光泽感，可以选择有珠光质地的散粉涂抹在“T”区和颧骨处。营造舞台绚丽感。

图2–2–3　定妆

2. 眼影的修饰

眼影的修饰如图2–2–4～图2–2–6所示。

（1）涂抹眼影。

在眼窝范围选择颜色艳丽的眼影，按由深到浅的层次涂抹，营造华丽感。

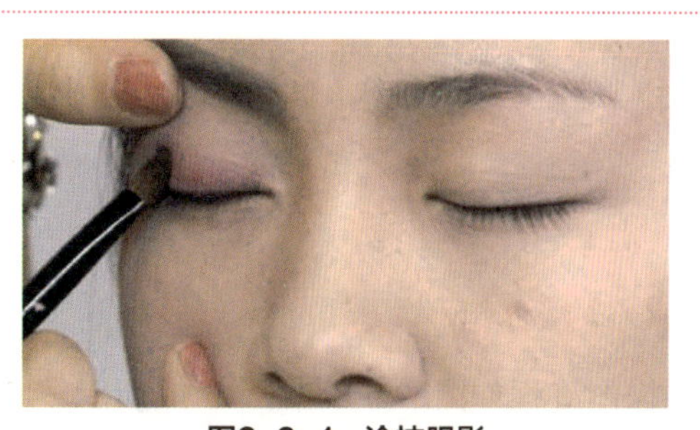

图2–2–4　涂抹眼影

（2）珠光的运用。

在眉骨处用珠光白色提亮。

图2-2-5 珠光的运用

（3）配饰的搭配。

用亮片或水钻在眼妆上设计别致造型。

图2-2-6 配饰的搭配

3. 假睫毛的粘贴

假睫毛的粘贴如图2–2–7所示。

假睫毛的粘贴。

选择较为夸张的睫毛来搭配妆面，比如带羽毛的或水钻的假睫毛等。粘贴时需要在假睫毛两端多刷胶水，以防脱落。

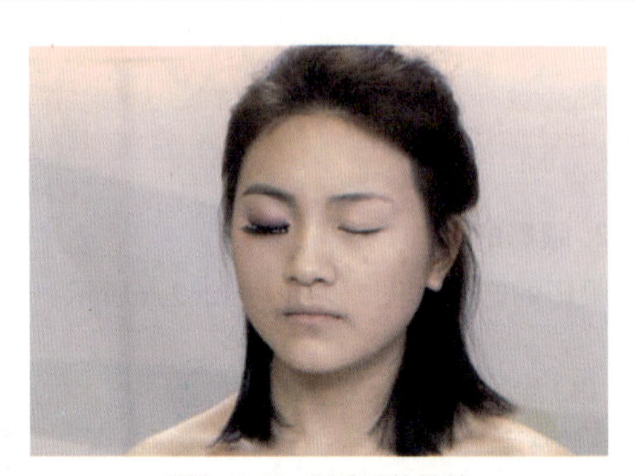

图2-2-7 假睫毛的粘贴

（三）操作流程

操作流程如图2–2–8～图2–2–30所示。

(1) 接待顾客/模特。

请模特坐在舒适的化妆椅上，调整好坐姿，观察模特面部特征，模特肤质为混合性，“T”区毛孔偏大，轻微出油，眉形平直，眼尾稍微下垂。

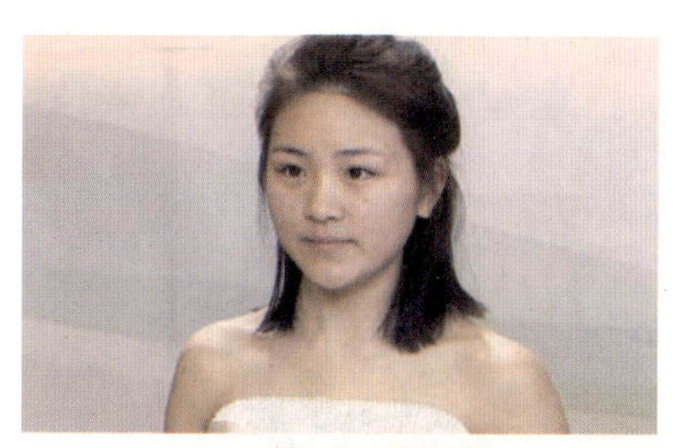

图2-2-8　接待顾客/模特

(2) 准备工具和材料。

按照要求摆放化妆品和工具。

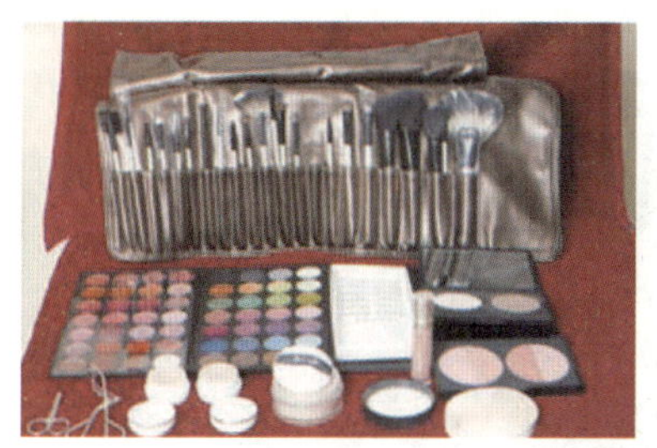

图2-2-9　准备工具和材料

(3) 选择相应的护肤品。

为此模特选择滋润型润肤水和保湿面霜。

图2-2-10　选择相应的护肤品

(4) 进行底妆的涂抹。

用海绵或粉底刷抑或手蘸取适量粉底膏，均匀涂抹于面部皮肤，使面部肤色均匀。用海绵过渡粉底，使发际线的边缘和脖子与腮帮的过渡均匀。

注意：在涂抹底妆前，需要清洁双手，并倒取适量的护肤品为模特涂抹面部。

(a)

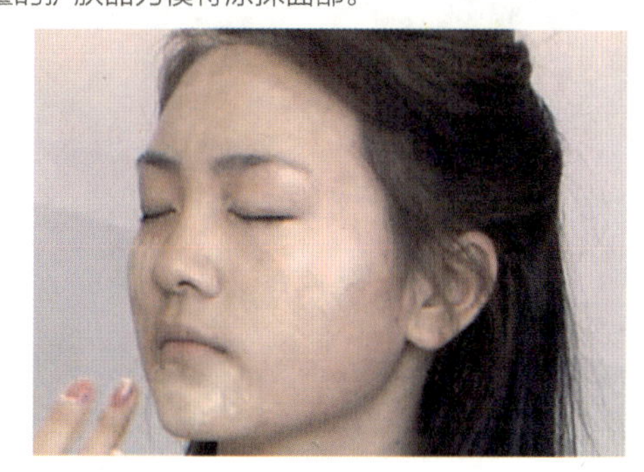

(b)

图2-2-11　进行底妆的涂抹

（5）“T”区提亮。

用粉底刷或手蘸取浅色粉底膏浅浅涂抹于额头和鼻梁位置和眼睑，让“T”区有视觉上的凸出和立体感。

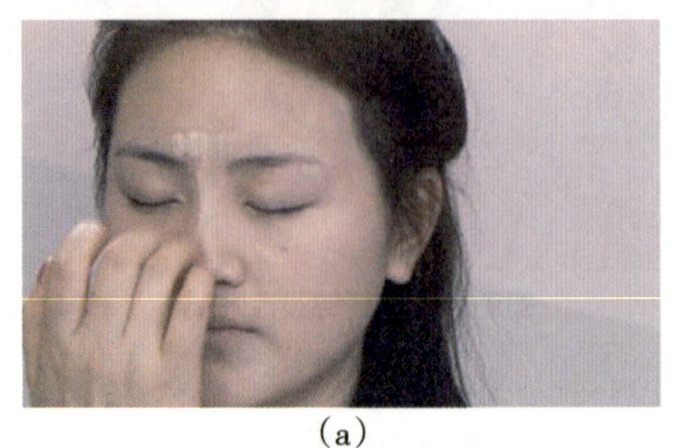

（a）

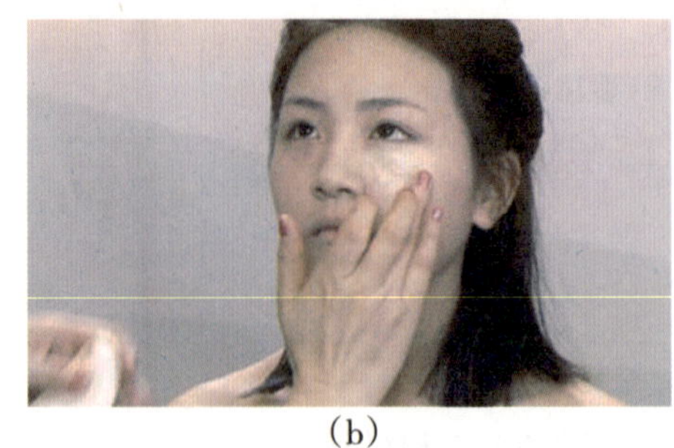

（b）

图2-2-12 “T”区提亮

（6）深色粉底膏修饰脸形。

用粉底刷蘸取深色粉底膏均匀涂抹在骨窝位置，加深面部轮廓的立体感。

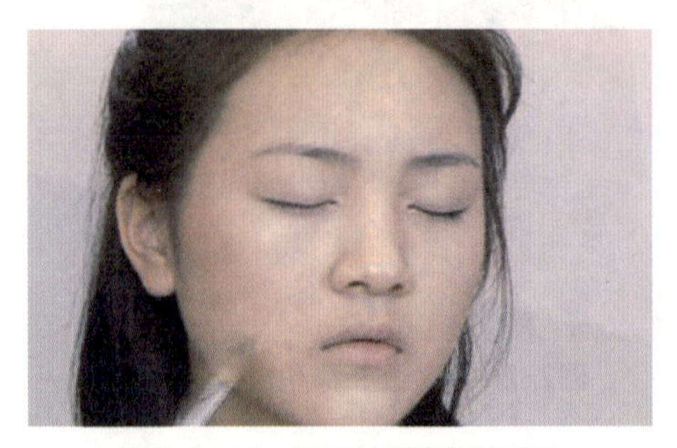

图2-2-13 深色粉底膏修饰脸形

（7）收内眼窝暗影。

收内眼窝和鼻侧影，让眼部和鼻梁更加立体。

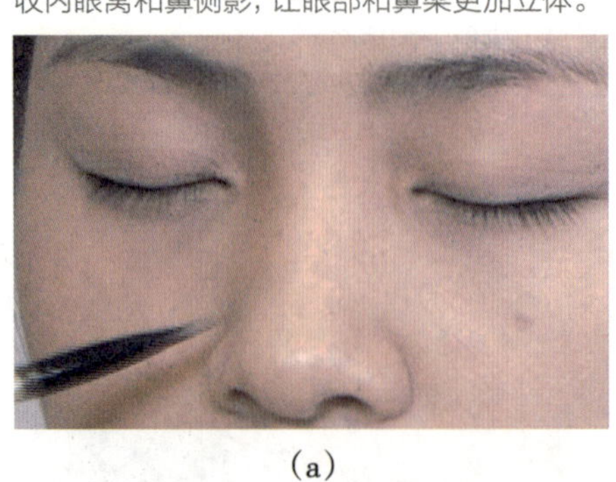

（a）

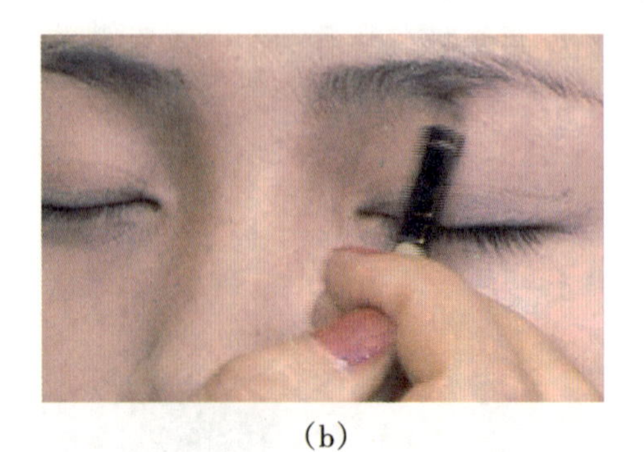

（b）

图2-2-14 收内眼窝暗影

（8）用散粉定妆。

用大号散粉刷蘸取定妆粉均匀轻扫在面部。

图2-2-15　用散粉定妆

（9）局部定妆。

下眼睑、鼻翼、嘴角易脱妆部位用粉扑压实，定下眼睑时，让模特往上看，定妆要实，以免晕妆。

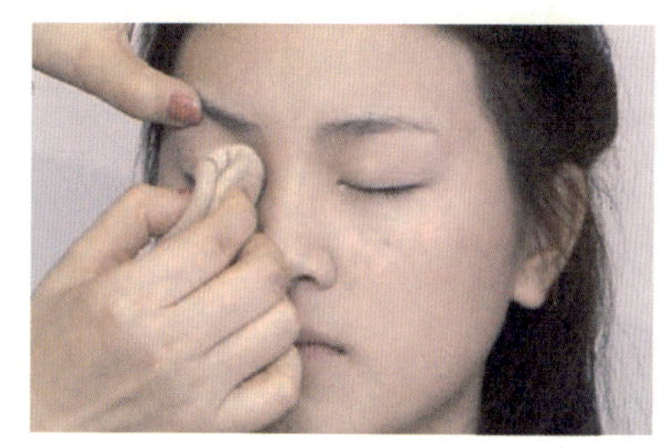

图2-2-16　局部定妆

（10）描画眉毛。

用眉刷蘸取眉粉轻扫出眉形，再用眉笔勾画出局部眉峰，使眉形精细，立体感强，眉头和眉尾处颜色相对浅淡，再用眉刷沿着眉毛生长的方向刷匀，让颜色变得更柔和。

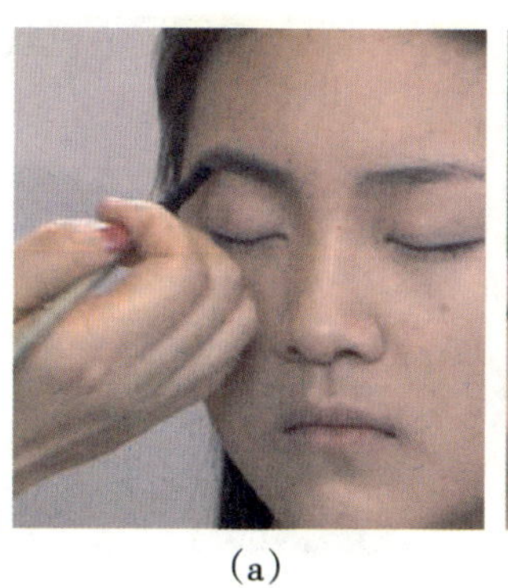

（a）

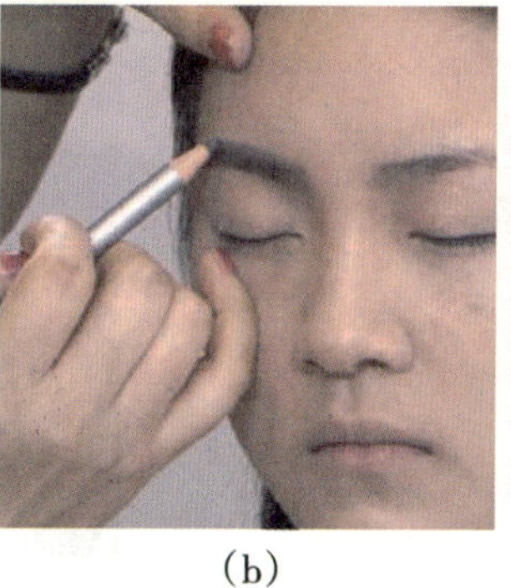

（b）

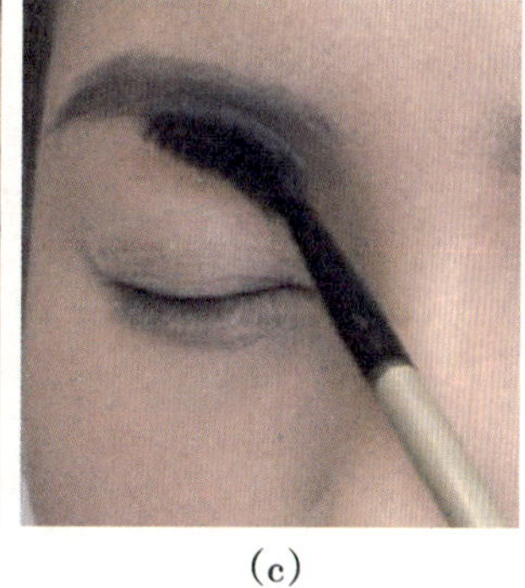

（c）

图2-2-17　描画眉毛

（11）描画眼线。

请模特闭眼，手指轻轻按压在模特眼皮上，用眼线笔从后眼尾睫毛根处着笔，轻轻往前画，到内眼角处可从前往后画。注意线条要干净整齐。

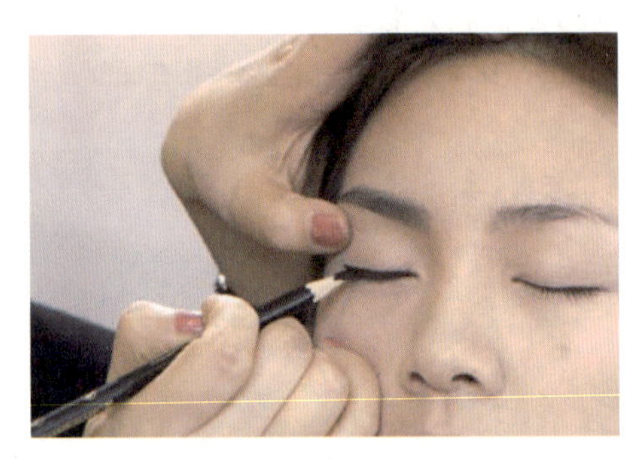

图2-2-18 描画眼线

（12）眼影打底。

按照“倒钩”手法描画眼影，用大号眼影刷蘸取白色眼影粉在模特眼皮上做底色，选用带珠光的眼影增加其皮肤质感。

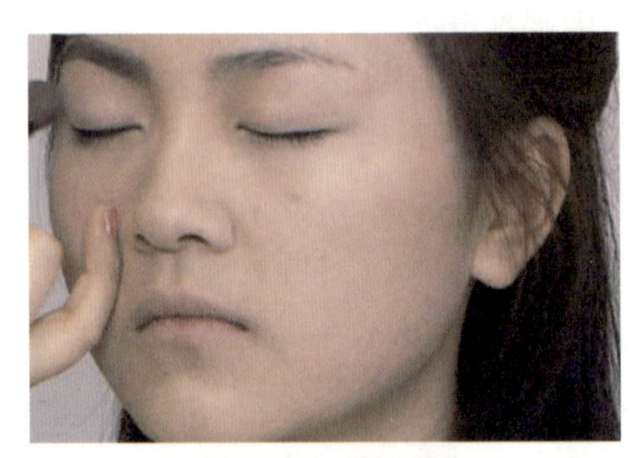

图2-2-19 眼影打底

（13）眼影过渡。

用中号眼影刷蘸取所选眼影粉，紧贴眼线边缘，做小范围的过渡。

图2-2-20 眼影过渡

（14）描画下眼线。

用小号眼影刷蘸取黑色眼影粉代替眼线笔，描画下眼线。

图2-2-21 描画下眼线

（15）粘假睫毛。

首先把睫毛夹到合适的弧度。舞台妆的浓妆效果可以免去刷睫毛膏的过程，直接粘贴准备好的带水钻的假睫毛。

图2-2-22　粘假睫毛

（16）修饰睫毛。

用少许睫毛胶水（或睫毛膏）把真假睫毛刷在一起，避免真假睫毛弧度不一致。

图2-2-23　修饰睫毛

（17）描画下眼影。

把带有珠光的眼影涂抹在下眼影处，增加眼部的舞台效果。

图2-2-24　描画下眼影

（18）眼妆调整。

找出眼妆结构，做最后的调整。

图2-2-25　眼妆调整

（19）再次描绘眼线。

用眼线笔把睫毛根遮住的眼线部位再次描绘，让眼线更突出。

图2-2-26 再次描绘眼线

（20）内眼角提亮。

对内眼角眼妆提亮，让模特睁开眼睛，用白色带珠光的眼影点在内眼角处，让妆面的色彩更加分明。

图2-2-27 内眼角提亮

（21）涂抹腮红。

用腮红刷蘸取少量腮红，涂抹在笑肌上，均匀推开，自然晕染。舞台妆腮红可以浓重些，用来衬托灯光的效果。

图2-2-28 涂抹腮红

（22）涂抹口红。

先用同色唇线笔勾勒完美唇形，再用唇刷蘸取适量口红均匀涂抹在唇部，注意边缘线条干净整齐。最后用唇彩点缀唇中间，体现光泽和饱满，唇彩不要画到唇角，否则容易晕妆。

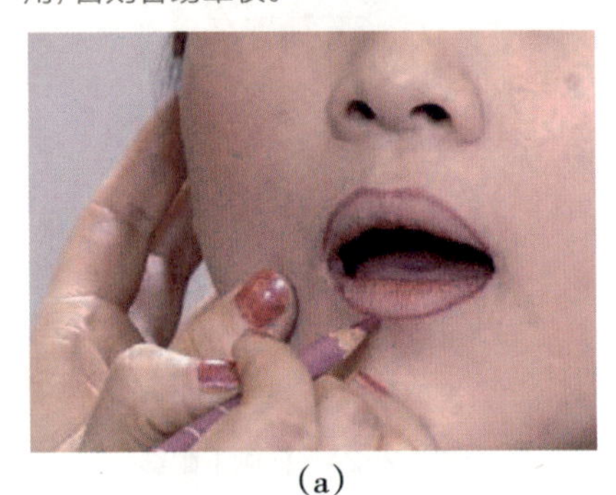

(a)

图2-2-29 涂抹口红

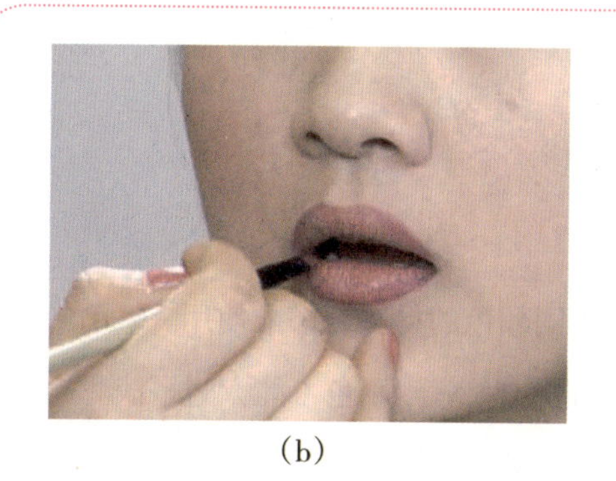

(b)

(c)

图2-2-29　涂抹口红（续）

（23）整体修饰。

检查有无晕妆、脏妆等问题。

图2-2-30　整体修饰

三、学生活动

（一）工作过程

1. 布置项目：在实训室为模特描画新娘舞台妆

开始之前，和模特沟通婚礼搭配的服装，观察模特的年龄和五官特点、皮肤肤质和肤色等特征。

2. 情景设定："T"台婚纱秀

（1）根据模特肤质选择合适的护肤品和底妆产品。

（2）根据模特服装和五官特点设计舞台妆的画法。

（3）眼线膏蘸取要适量，否则线条宽度容易不均匀。

（4）粘贴假睫毛时要根据眼形对假睫毛做适当修剪。

（5）可以选择一些亮片或水钻等配饰修饰妆面。

3. 你可能会遇到的问题

(1) 眼影掉渣，眼妆易脏妆怎么办?

(2) 假睫毛太厚重易脱胶怎么办?

4. 你需要特别注意的问题

(1) 新娘舞台妆的粉底效果有立体感，需要不同颜色的粉底膏搭配使用。

(2) 新娘舞台妆的眼妆是妆面语言一个重要的表达部分，用色不能太过平淡。

(3) 整体妆面一定要与服装协调，符合主题的需要。

5. 我发现的问题及解决之道

____

____

(二) 工作评价

新娘舞台妆工作评价标准如表2-2-2所示。

表2-2-2 新娘舞台妆工作评价标准

评价内容	评价标准			评价等级
	A(优秀)	B(良好)	C(及格)	
准备工作	工作区域干净整齐，工具齐全，码放整齐，仪器设备安装正确，个人卫生仪表符合工作要求	工作区域干净整齐，工具齐全，码放比较整齐，仪器设备安装正确，个人卫生仪表符合工作要求	工作区域比较干净整齐，工具不齐全，码放不够整齐，仪器设备安装正确，个人卫生仪表符合工作要求	A B C
操作步骤	能够独立对照操作标准，使用准确的技法，按照规范的操作步骤完成实际操作	能够在同伴的协助下对照操作标准，使用比较准确的技法，按照比较规范的操作步骤完成实际操作	能够在老师的指导帮助下，对照 操作标准，使用比较准确的技法，按照比较规范的操作步骤完成实际操作	A B C
操作时间	规定时间内完成项目	规定时间内在同伴的协助下完成项目	规定时间内在老师帮助下完成项目	A B C
操作标准	修饰后粉底涂抹均匀，肤色自然，五官轮廓立体感强，无明显浮粉	修饰后粉底涂抹均匀，五官轮廓立体感强，肤色自然	修饰后粉底涂抹均匀，但有细微浮粉	A B C
	眉形精细流畅，边缘整洁	眉形有立体感，线条精致	眉形有立体感，边缘略粗糙，有改动痕迹	A B C

续表

评价内容	评价标准			评价等级
	A（优秀）	B（良好）	C（及格）	
操作标准	眼影色彩艳丽，有层次过渡，立体感强，与舞台妆风格搭配协调	眼影色彩艳丽，在眼窝范围以内，有层次过渡	眼影色彩不突出，在眼窝范围内，层次感不明显	A B C
	睫毛粘贴自然并凸显眼形，腮红位置正确并修正脸型，口红颜色与整体色彩协调	睫毛粘贴自然，腮红位置正确。用口红勾勒唇形清晰	睫毛自然，腮红位置正确。口红颜色选择不当	A B C
整理工作	工作区域干净整洁、无死角，工具仪器消毒到位，收放整齐	工作区域干净整洁，工具仪器消毒到位，收放整齐	工作区域较凌乱，工具仪器消毒到位，但收放不整齐	A B C
学生反思				

四、知识链接

如何用眼影矫正不同的眼形

（1）下垂眼：要改变这样的眼形，必须加强外眼角上眼影的晕染，这样后眼尾会有向上提升的感觉，并达到平衡。

（2）上吊眼：这种眼形可以加强外眼角后下眼尾眼影平拖，以及内眼角眼影，这样使眼睛看上去更柔和，减弱眼睛上扬的感觉。

（3）肿眼睛：这种眼睑脂肪偏厚的眼形，可以选择深色眼影从眼线向上逐渐晕染开，提亮眉骨，用冷色系的眼影，尽量避免使用红色或偏暖的颜色。

（4）深凹眼：这是欧美人最常见的眼形，这种眼形在画眼影时可在凹陷的眼睑处涂抹上浅色或亮色的眼影，在眼线周围晕染少量眼影，让眼睛变得更加明亮。

（5）大眼睛：在画眼影时要柔和，颜色不用太深，眼线要细致干净，在靠近睫毛处用深色眼影增加眼部结构及神采。

（6）小眼睛：在画眼影时，可以用深色的眼影在眼窝处找出结构，然后从下往上晕染出层次和过渡的效果，眼线处颜色要深，视觉上有增大眼睛的效果。

专题实训

一、个案分析

程程同学的表姐结婚，请程程帮忙画婚礼当日妆容，程程表姐干性皮肤，圆脸形，内双眼睛，肤色白皙，程程用常规的新娘婚礼妆手法给表姐化了妆，可是化妆后表姐觉得比平时显胖，眼线有轻微晕妆，鼻尖还有起皮的现象。程程很沮丧，她是不是有什么做得不好的地方呢？

请你仔细分析原因，在下面写出你的想法。

____

____

____

____

二、专题活动

在做本专题前，你要收集信息，内容如下：

(1) 通过社会实践，观察化妆师工作时的动作。

(2) 通过网络收集信息，观看现场示范，展示。

(3) 和同学互相当模特练习。

记录以下几点：

(1) 观察一款新娘婚礼妆，将化妆师的动作、技巧、步骤及效果记录清楚。

(2) 列出新娘婚礼妆应考虑的因素。

(3) 不同肤质对粉底效果的影响。

(4) 描述一款新娘婚礼妆的程序。

三、课外实训记录表

请将你在本单元学习期间参加的各项专业实践活动情况记录在表2-2-3中。

表2-2-3 本单元课外实训记录表

服务对象	时间	工作场所	工作内容	服务对象反馈

单元三　晚妆

单元导读

内容介绍

由于晚间社交活动通常都有灯光和场景的衬托，晚妆相对日妆更有视觉效果。晚妆在灯光下视觉上柔和、朦胧，不易看出化妆痕迹，反而能更加突出化妆效果。除了日妆，晚妆也是我们使用比较多的一种妆面。如图3-1-1所示。

（a）

（b）

图3-1-1 晚妆

单元目标

（1）能够通过观察模特五官特点设计出适合的晚妆画法。

（2）能够借助晚妆的技术达到五官轮廓立体清晰、妆容协调服饰的效果。

（3）能按照程序进行晚妆生活妆和晚妆宴会妆的描画。

（4）会使用正确的方法描画晚妆生活妆和晚妆宴会妆。

项目一　晚妆生活妆

项目描述

晚妆生活妆通常给人一种愉悦的心境和良好的氛围，能使人产生一种梦幻般的感觉。因为应用场合有所区别，所以化晚妆生活妆时可在所允许的范围内，搭配服装和自身五官特点，有一些个性化的设计，比如适当夸张眼线，用跳跃的颜色突出眼部或唇部等。如图3-1-2所示。

图3-1-2　晚妆生活妆

工作目标

（1）能够通过观察，判断模特肤质的状况，选择适当的化妆品和工具。

（2）能够借助晚妆生活妆粉底涂抹的技术，使五官轮廓描画清晰，突出模特面部优点。

（3）能按照程序进行晚妆生活妆的描画。

（4）会使用正确的方法描画晚妆生活妆。

一、知识准备

（一）晚妆生活妆的含义

晚妆生活妆是指在晚间灯光下出席非正式场合的妆容。根据服装搭配和应用场合的需要，在妆容的设计上可以有一定创意和改变。

（二）晚妆生活妆的作用

（1）修饰面部五官的瑕疵和不足。

（2）搭配不同风格的服装和配饰。

（3）符合应用场合的礼仪需要。

（三）晚妆生活妆的特点

五官轮廓清晰有立体感，眉毛、眼形、唇形也可作些适当的矫正，艳丽而不俗气，丰富而不繁杂，使用冷色调居多，妆容与整体服饰风格协调一致。

（四）准备工具和材料

化妆套刷、妆前护肤品、粉底液、粉底膏、遮瑕膏、定妆散粉、海绵扑、修眉工具、眉笔、眉粉、眼线笔、眼线液、眼线膏、眼影粉、睫毛膏、睫毛夹、假睫毛、睫毛胶、腮红粉、口红、唇彩、润唇膏、棉签。

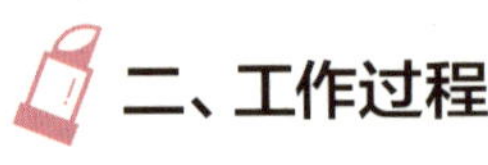

二、工作过程

（一）工作标准

晚妆生活妆工作标准如表3-1-1所示。

表3-1-1 晚妆生活妆工作标准

内 容	标 准
准备工作	工作区域干净整齐，工具齐全，码放整齐，仪器设备安装正确，个人卫生仪表符合工作要求
操作步骤	能够独立对照操作标准，使用准确的技法、按照规范的操作步骤完成实际操作
操作时间	在规定时间内完成项目
操作标准	修饰后粉底干净自然，轮廓立体感强
	眉形大气流畅，修饰脸形。边缘干净整洁
	眼线调整眼形，线条干净整齐，突出眼部神韵
	眼影在眼窝范围以内，有层次过渡，色彩搭配协调
	睫毛自然卷翘，腮红修饰脸形，口红颜色与整体色彩协调
整理工作	工作区域干净整洁、无死角，工具仪器消毒到位，收放整齐

（二）关键技能

1. 眼线的修饰

眼线的修饰如图3-1-3～图3-1-4所示。

（1）描画上眼线。

示意模特闭眼，用眼线笔紧贴睫毛根部一点点填满上眼线，后眼尾略加宽至末梢处细化，呈现自然收尾，线条自然上扬抬高眼尾，调整下垂眼形。内眼角可稍微加重，突出眼形。

图3-1-3　描画上眼线

（2）描画下眼线。

为防止晕妆，用眼线刷蘸取眼影粉从后眼尾下眼睑起笔往内眼角方向描画，达到由粗到细的自然过渡效果。

图3-1-4　描画下眼线

2. 口红的描画

口红的描画如图3-1-5～图3-1-7所示。

（1）唇线勾画唇形。

让模特微微张嘴，成微笑状态，用和口红同色的唇线笔调整唇形，达到丰润饱满的效果。

图3-1-5　唇线勾画唇形

（2）涂抹口红。

用唇刷蘸取口红，压着唇线均匀涂抹，至唇角时注意边缘线条的干净和整洁。通常可以选用比较绚丽的带有珠光质地的口红。

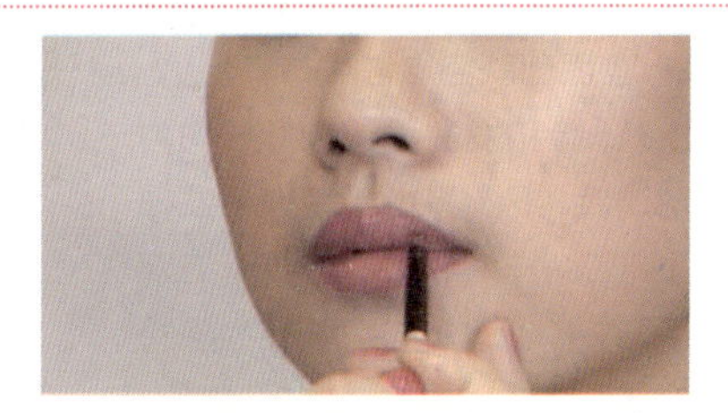

图3-1-6　涂抹口红

（3）涂刷唇彩。

用唇彩涂刷在唇中央位置，让唇形更立体。若想突出眼妆弱化唇妆，则可选择裸色系口红或唇彩。

图3-1-7 涂刷唇彩

（三）操作流程

操作流程如图3-1-8~图3-1-28所示。

（1）接待顾客/模特。

请模特坐在舒适的化妆椅上，调整好坐姿，观察模特面部特征。模特肤质为中性，内双眼形，肤色暗黄。

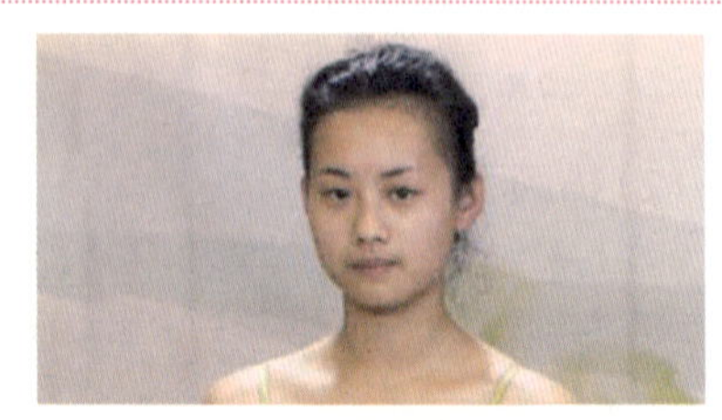

图3-1-8 接待顾客/模特

（2）准备工具和材料。

按照要求摆放化妆品和工具。

图3-1-9 准备工具和材料

（3）选择相应的护肤品。

为此模特选择滋润型润肤水和保湿面霜。

图3-1-10 选择相应的护肤品

（4）进行底妆的涂抹。

用手或粉底刷蘸取适量粉底液，用“五点打法”均匀涂于面部皮肤，使面部肤色均匀。

注意：脸和发髻线的边缘要均匀地过渡，不要将粉底涂抹到发根上。在涂抹底妆前，需要清洁双手，并倒取适量的护肤品为模特涂抹面部。

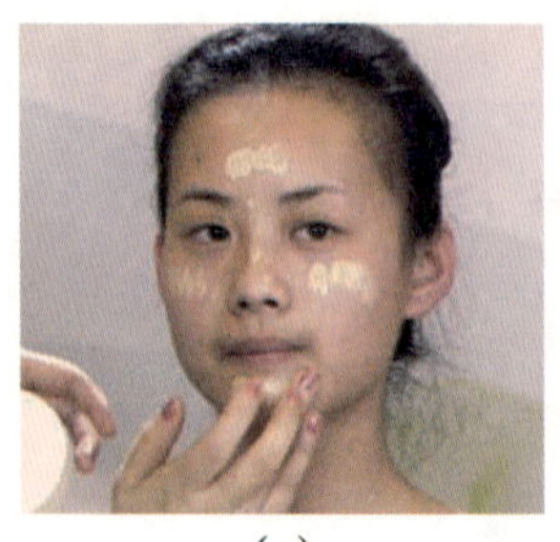

（a）

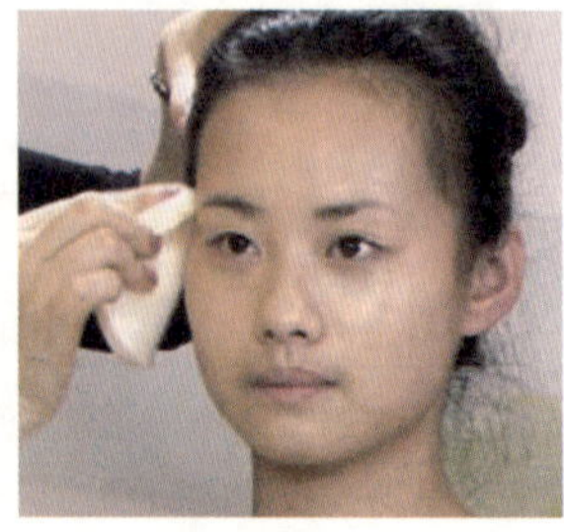

（b）

图3-1-11 进行底妆的涂抹

(5)“T”区提亮。

用粉底刷蘸取浅色粉底膏浅浅涂抹于额头、鼻梁和眼睑位置，让“T”区有视觉上的凸出和立体感，提亮额头时不能过宽，要根据模特的脸形而定；提亮眼睑时，手法要轻；提亮上眼皮时，可用手轻轻按着眼皮往上提，把睫毛根部涂抹均匀。

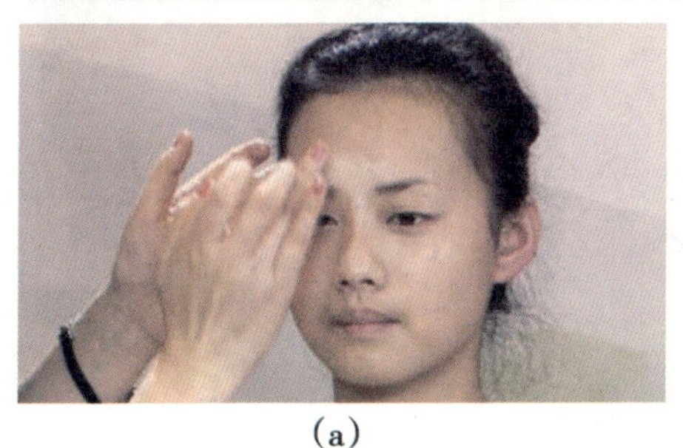

(a)

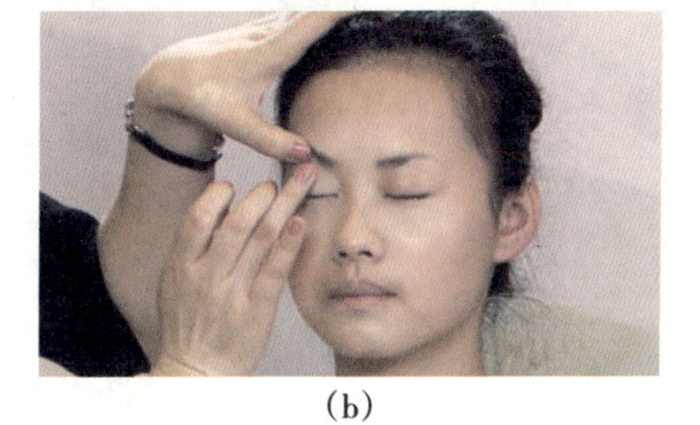

(b)

图3-1-12　“T”区提亮

(6)深色粉底修饰脸形。

用粉底刷蘸取深色粉底均匀涂抹在骨窝位置，加深面部轮廓的立体感。

图3-1-13　深色粉底修饰脸形

(7)收内眼窝暗影。

收内眼窝暗影，让眼部更加立体。注意用暗影和提亮提高两色的明暗对比，用暗影修正模特鼻形。

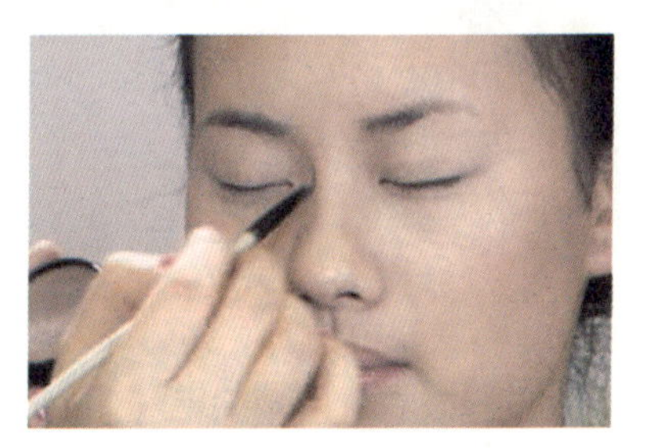

图3-1-14　收内眼窝暗影

(8)用散粉定妆。

用大号散粉刷蘸取定妆粉均匀轻扫在面部，用粉扑蘸着散粉局部定妆，并用粉扑压实。眼睑和鼻翼、嘴角等易脱妆部位重点定妆。

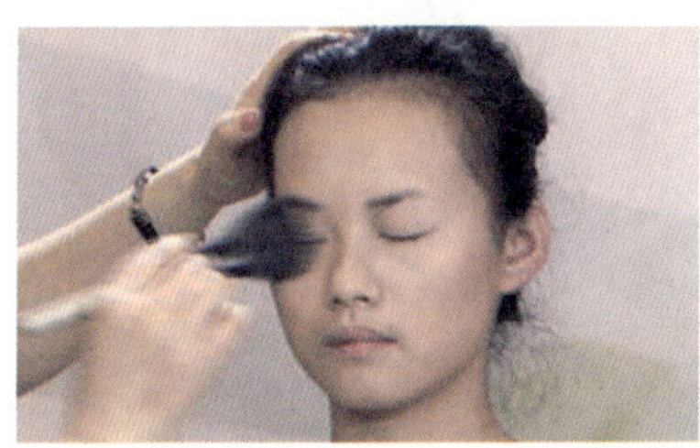

(a)

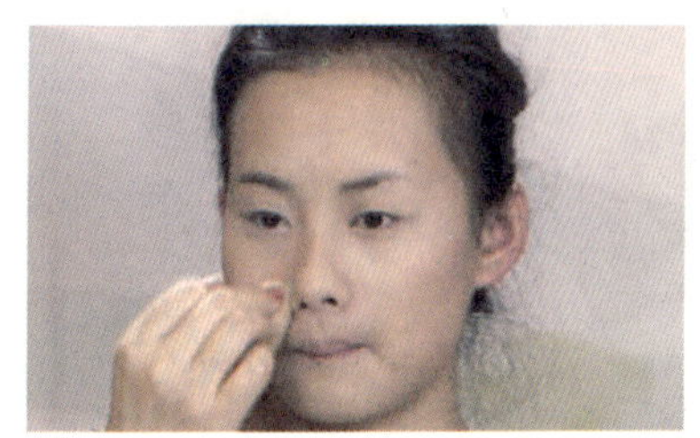

(b)

图3-1-15　用散粉定妆

(9) 描画眉毛。

先用眉笔找出适合模特的眉形，再用补缺法把眉毛一根一根地补上，眉峰处颜色略深，使眉形立体感强，眉头和眉尾处颜色相对浅淡。再用眉刷刷匀，让颜色变得更柔和。

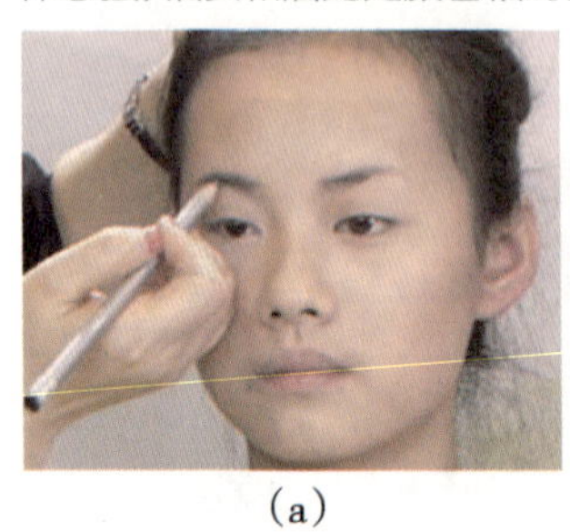
(a)

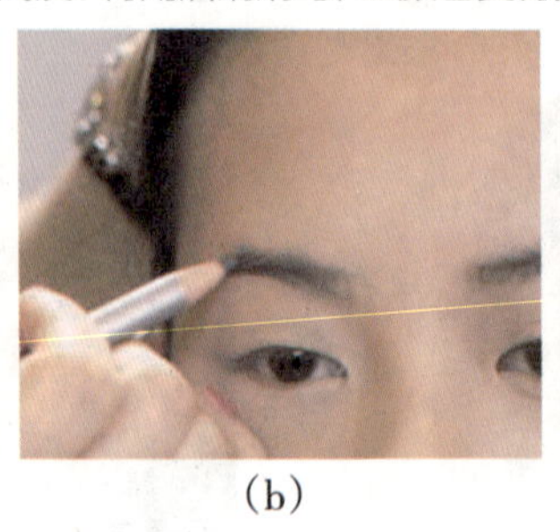
(b)

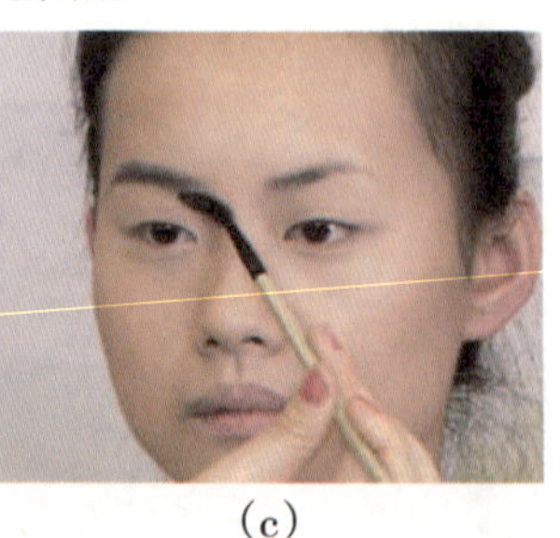
(c)

图3-1-16 描画眉毛

(10) 描画上眼线。

内双眼形眼线容易晕妆，可选用防水型眼线笔，用眼线笔从后眼尾睫毛根处着笔，轻轻往前画，到内眼角处可从前往后画。注意线条边缘要整齐。

图3-1-17 描画上眼线

(11) 描画下眼线。

用眼线刷蘸眼影粉代替下眼线画法，可以防止下眼线晕妆。

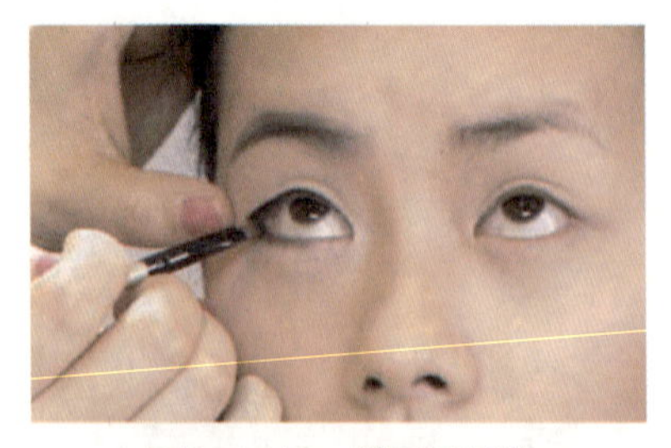

图3-1-18 描画下眼线

(12) 眼影打底。

用大号眼影刷蘸取白色眼影粉在模特眼皮上做底色。

图3-1-19 眼影打底

(13) 眼影过渡。

用中号眼影刷蘸取眼影粉，从后眼尾部分开始，贴着睫毛根做小范围的过渡。

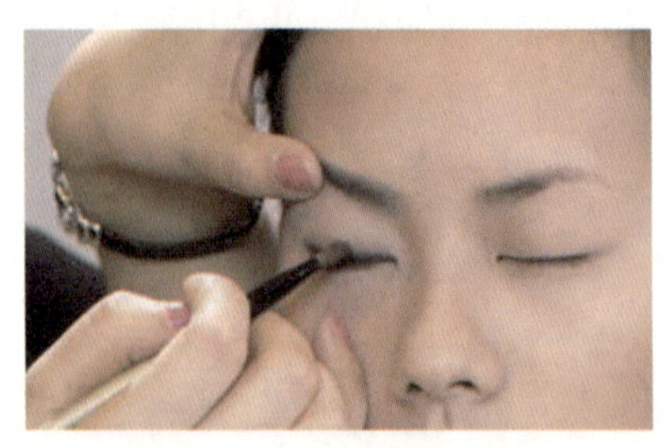

图3-1-20 眼影过渡

(14) 过渡眼线。

用小号眼影刷蘸取深色眼影粉，描绘睫毛根部，过渡眼线。

(a)

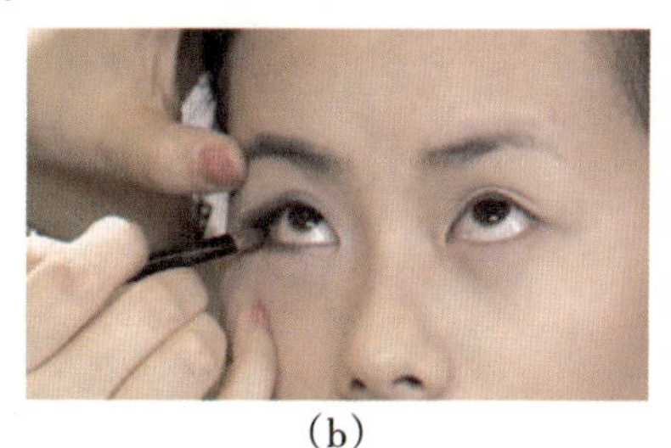
(b)

图3-1-21　过渡眼线

(15) 彩色眼影过渡。

用大号眼影刷蘸取白色眼影，对彩色眼影做过渡，让深浅颜色衔接更自然。注意：晚妆浓度较高，眼影粉容易弄脏其他地方，所以要及时清扫。

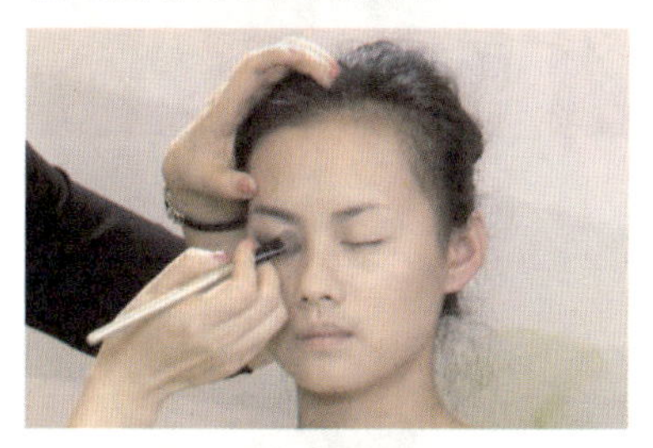
图3-1-22　彩色眼影过渡

(16) 夹睫毛。

夹住睫毛，依次从睫毛根至睫毛中部，再到睫毛尖，每次停留2~3秒钟。

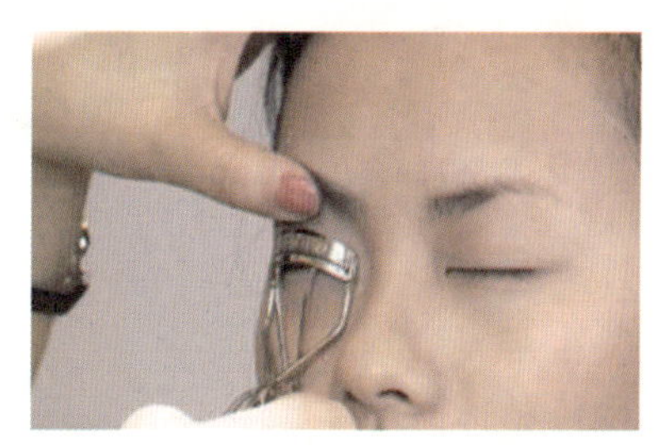
图3-1-23　夹睫毛

(17) 粘假睫毛。

模特睫毛比较短，可直接贴假睫毛。给假睫毛均匀涂抹睫毛胶，等待几秒，再粘贴。

图3-1-24　粘假睫毛

(18) 再次过渡眼线。

用小号眼影刷蘸取眼影，在睫毛根处过渡眼线。

图3-1-25　再次过渡眼线

（19）涂抹腮红。

用腮红刷蘸取少量腮红，涂抹在骨窝处，均匀推开，自然晕染。

图3-1-26 涂抹腮红

（20）涂抹口红。

先用同色唇线笔勾勒完美唇形，再用唇刷蘸取适量口红均匀涂抹在唇部，注意边缘线条干净整齐。最后用唇彩点缀唇中间，体现光泽和饱满。

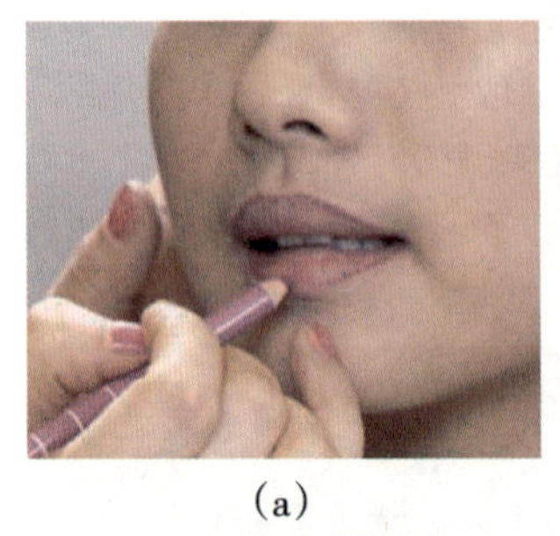

（a）

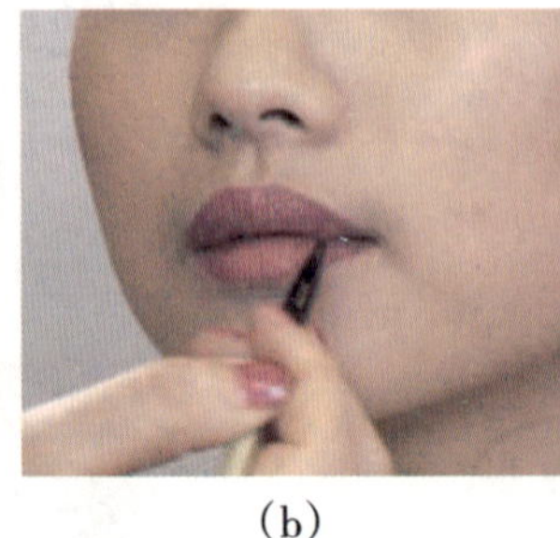

（b）

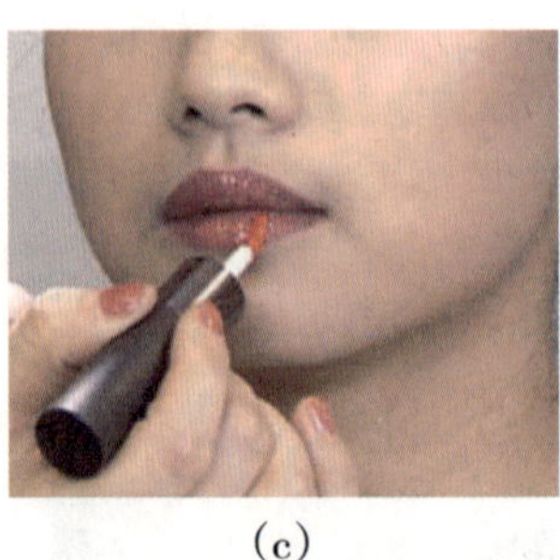

（c）

图3-1-27 涂抹口红

（21）整体修饰。

检查有无晕妆、脏妆等问题。

图3-1-28 整体修饰

三、学生活动

（一）工作过程

1. 在实训室为模特描画晚妆生活妆

开始之前，和模特沟通搭配的服装，观察模特的年龄和五官特点、皮肤肤质和肤色等特征。

（1）根据模特肤质选择合适的护肤品和底妆产品。

（2）根据模特服装和五官特点设计晚妆生活妆的画法。

（3）粘贴假睫毛时要根据眼形对假睫毛做适当修剪。

2. 操作过程中可能会遇到的问题

（1）眼影掉渣，眼妆易脏怎么办?

（2）眼线晕妆造成“熊猫眼”怎么办?

3. 操作过程中需要特别注意的问题

（1）晚妆生活妆的粉底效果有立体感，需要不同颜色的粉底膏搭配使用。

（2）晚装生活妆的用色不可太多，否则可能给人俗气的感觉。

（3）整体妆面协调服装并具有个性美。

4. 我发现的问题及解决之道

____

____

____

____

____

____

（二）工作评价

晚妆生活妆工作评价标准如表3–1–2所示。

表3–1–2　晚妆生活妆工作评价标准

评价内容	评价标准			评价等级
	A（优秀）	B（良好）	C（及格）	
准备工作	工作区域干净整齐，工具齐全，码放整齐，仪器设备安装正确，个人卫生仪表符合工作要求	工作区域干净整齐，工具齐全，码放比较整齐，仪器设备安装正确，个人卫生仪表符合工作要求	工作区域比较干净整齐，工具不齐全，码放不够整齐，仪器设备安装正确，个人卫生仪表符合工作要求	A B C

续表

评价内容	评价标准			评价等级
	A(优秀)	B(良好)	C(及格)	
操作步骤	能够独立对照操作标准，使用准确的技法，按照规范的操作步骤完成实际操作	能够在同伴的协助下对照操作标准，使用比较准确的技法，按照比较规范的操作步骤完成实际操作	能够在老师的指导帮助下，对照操作标准，使用比较准确的技法，按照比较规范的操作步骤完成实际操作	A B C
操作时间	规定时间内完成项目	规定时间内在同伴的协助下完成项目	规定时间内在老师帮助下完成项目	A B C
操作标准	修饰后粉底干净自然，轮廓立体	修饰后粉底涂抹均匀，肤色自然	修饰后粉底涂抹均匀，但有细微浮粉	A B C
	眉形大气流畅，修饰脸形，边缘干净整洁	眉形有立体感，线条精致	眉形有立体感，边缘略粗糙，有改动痕迹	A B C
操作标准	眼线调整眼形，线条干净整齐，突出眼部神韵	眼线紧贴睫毛根部，线条清晰	眼线紧贴睫毛根部，线条不够整洁，有改动痕迹	A B C
	眼影在眼窝范围以内，有层次过渡，色彩搭配协调	眼影在眼窝范围以内，有层次过渡	眼影在眼窝范围内，层次感不明显	A B C
	睫毛自然卷翘，腮红修饰脸形，口红颜色与整体色彩协调	睫毛自然，腮红位置正确，用口红勾勒唇形清晰	睫毛自然，腮红位置正确，整体颜色搭配稍显不协调	A B C
整理工作	工作区域干净整洁、无死角，工具仪器消毒到位，收放整齐	工作区域干净整洁，工具仪器消毒到位，收放整齐	工作区域较凌乱，工具仪器消毒到位，但收放不整齐	A B C
学生反思				

四、知识链接

(一) 如何选择妆前护肤产品

人的皮肤性质大致分为五种：中性、干性、油性、混合型、敏感性。

（1）中性为最好的肤质，化妆前用普通保湿产品即可。

（2）干性皮肤缺水，易起皮，化妆前适合选用偏油性、有营养的护肤品。

（3）油性皮肤毛孔偏大易出油，化妆前要清洁干净，选用保湿补水类产品护肤。

（4）混合性皮肤比较常见，即额头和鼻翼区出油较多，两颊偏干，可以结合干性和油性的特点来选择化妆前的护肤品。

（5）敏感性皮肤相对脆弱，尽量选择不含酒精、香料等刺激性成分的护肤品，化妆前可选择植物性隔离霜对皮肤做防护。

(二) 修剪眉形的正确方法

好的眉形是画好眉妆的基础，整齐的眉形可以让人更精神，也可以修饰不完美的脸形。

首先设计适合模特的眉形，确定眉毛的标准位置。眉头的位置在和内眼角纵向垂直、同眼头平行和眉毛的交集点上。眉锋的位置在眼球外边缘纵向垂直，和眉毛的交集一点。眉尾的位置在与嘴角至眼尾的延长线相交点上。

修眉工具主要有修眉刀、眉钳、眉剪等，按着眉形用修眉刀或者眉钳修去多余的杂眉，眉尾修得尖细一点，再用眉剪修剪眉峰和眉尾过长的眉毛尖部，最后用散粉刷蘸取少量散粉扫去多余的眉毛。

项目二 晚妆宴会妆

项目描述

晚妆宴会妆也称“晚宴妆”，以高贵大气、妩媚个性的特点备受推崇，从近年来各种媒体活动中就可见其受欢迎的程度。除了新娘的晚宴妆，更多明星艺人在红毯上更是把晚宴妆的风采诠释得淋漓尽致。在炫彩夺目的灯光下，晚宴妆容有着无法忽视的高贵典雅。如图3-2-1所示。

图3-2-1 晚妆宴会妆

工作目标

（1）能够通过观察模特五官的特点设计气质独特的晚宴妆。

（2）能够借助晚宴妆眼影“倒钩”手法描画的技术使五官轮廓立体、妆容华丽高贵。

（3）能按照程序进行晚宴妆的描画。

（4）会使用正确的方法描画晚宴妆。

一、知识准备

（一）什么是晚妆宴会妆

晚妆宴会妆是指在晚间灯光下出席正式场合的妆容。根据服装搭配和应用场合的需要，在妆容的设计上可以有一定创意和改变。

（二）晚妆宴会妆的作用

（1）修饰面部五官的瑕疵和不足。

（2）搭配不同风格的服装和配饰。

（3）符合应用场合的礼仪需要。

（三）晚妆宴会妆的特点

晚宴妆视觉效果较强，引人注目。由于晚间社交活动一般都在暖光源下进行，灯光多柔和、朦胧。如果妆色清淡，就会显得苍白无力。可利用明暗色调突出面部凹凸结构，强调面部立体感。但不能因过于追求矫正而失真。妆容可用色丰富，也可加入珠光粉起到闪亮的修饰作用，也可搭配些亮片或水钻修饰整体效果。

（四）准备材料和工具

化妆套刷、妆前护肤品、粉底液、粉底膏、遮瑕膏、定妆散粉、海绵扑、修眉工具、眉笔、眉粉、眼线笔、眼线液、眼线膏、眼影粉、睫毛膏、睫毛夹、假睫毛、睫毛胶、腮红粉、口红、唇彩、润唇膏、棉签。

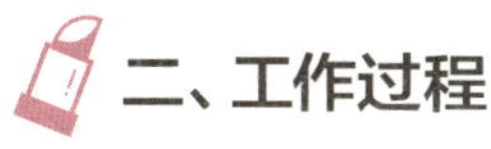

二、工作过程

（一）工作标准

晚妆宴会妆工作标准如表3–2–1所示。

表3–2–1　晚妆宴会妆工作标准

内容	标　准
准备工作	工作区域干净整齐，工具齐全，码放整齐，仪器设备安装正确，个人卫生仪表符合工作要求
操作步骤	能够独立对照操作标准，使用准确的技法、按照规范的操作步骤完成实际操作
操作时间	在规定时间内完成项目
操作标准	修饰后粉底涂抹均匀，遮瑕效果明显，肤色自然，五官立体感强
	眉形有立体感，线条精致，边缘整洁
	眼线调整眼形，线条干净整齐，突出眼部立体
	眼影色调华丽大气，有层次过渡，立体感强，色彩搭配协调
	睫毛粘贴自然，腮红修饰脸形，口红颜色与整体色彩协调
整理工作	工作区域干净整洁、无死角，工具仪器消毒到位，收放整齐

(二)关键技能

1. 眉毛的修饰

眉毛的修饰如图3–2–2～图3–2–3所示。

(1)勾画眉形。

先用眉笔找出模特的眉形，用眉笔虚线画出眉峰和眉尾的形状。

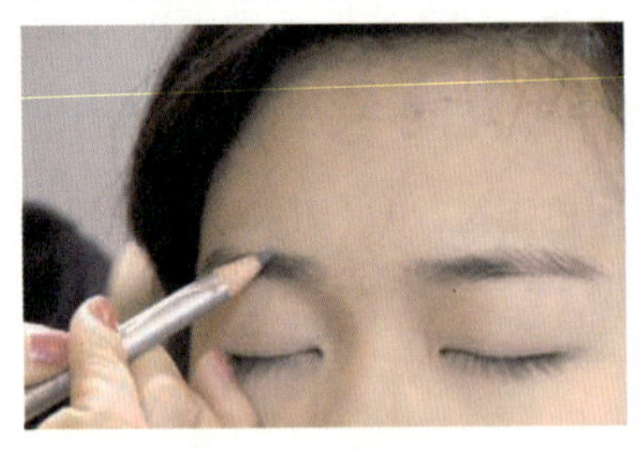

图3–2–2 勾画眉形

(2)描画眉毛。

用眉笔从眉腰处起笔，顺着眉毛生长方向，一根根画出眉毛，最终完成需要的眉形。

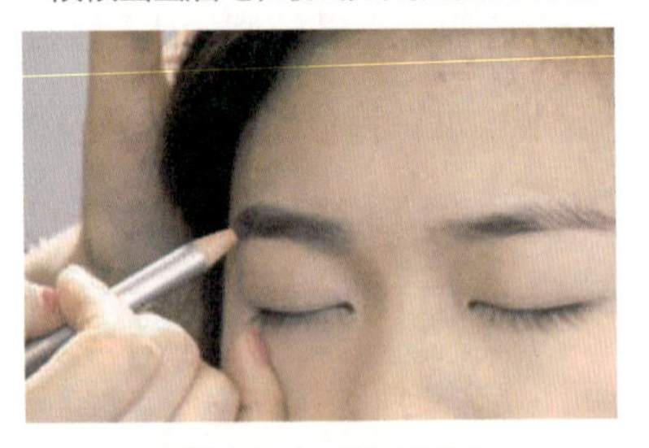

图3–2–3 描画眉毛

2. 眼影的描画

眼影的描画如图3–2–4～图3–2–6所示。

(1)眼影底色。

用大号眼影刷蘸取白色或浅粉色珠光眼影涂抹在眼窝内，以修饰底色并增加皮肤质感，有助于提高后面眼影上色的饱和度。

图3–2–4 眼影底色

(2)“倒钩”法描画。

用中号眼影刷蘸取深色眼影从后眼尾起笔以“倒钩”形状描画后眼窝，做一个小范围的过渡，让眼睛结构更具立体感。

图3–2–5 “倒钩”法描画

(3)过渡晕染。

用大号眼影刷蘸取白色眼影，晕染层次感，让深浅两色自然衔接。

图3–2–6 过渡晕染

3. 口红的修饰

口红的修饰如图3-2-7~图3-2-9所示。

（1）修正唇色。

在用到一些色彩纯度较高的口红时，先给唇部打上一层肉色的基底，再涂抹口红时会画出更加纯正的颜色。

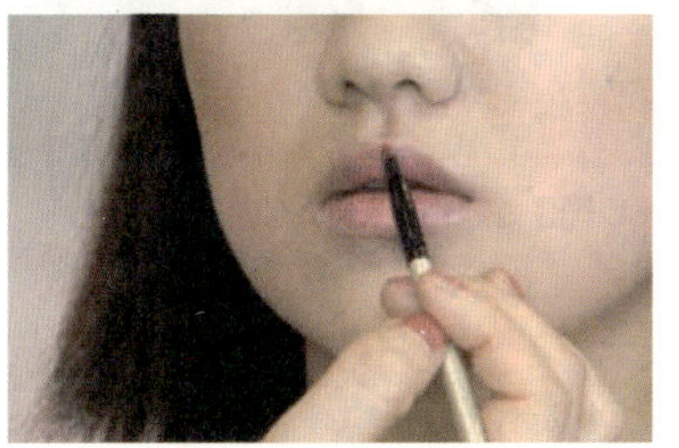

图3-2-7　修正唇色

（2）修饰唇形。

用同色唇线笔勾画完美唇形。

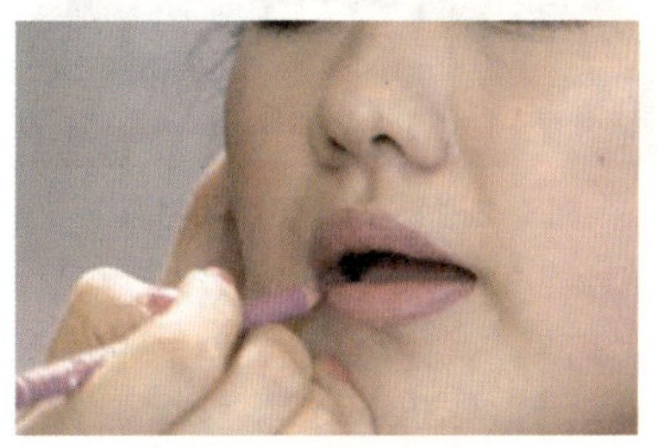

图3-2-8　修饰唇形

（3）涂抹口红。

用口红刷蘸取口红，压着唇线均匀涂抹，注意嘴角边缘要干净、整洁。

图3-2-9　涂抹口红

（三）操作流程

操作流程如图3-2-10~图3-2-35所示。

（1）接待顾客/模特。

请模特坐在舒适的化妆椅上，调整好坐姿，观察模特面部特征，模特肤质为中干性，眉形平直，唇色偏深，唇形不标准。

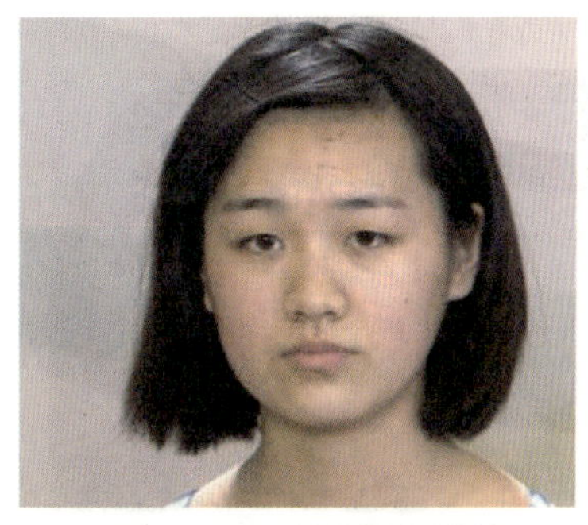

图3-2-10　接待顾客/模特

(2)准备工具和材料。

按照要求摆放化妆品和工具。

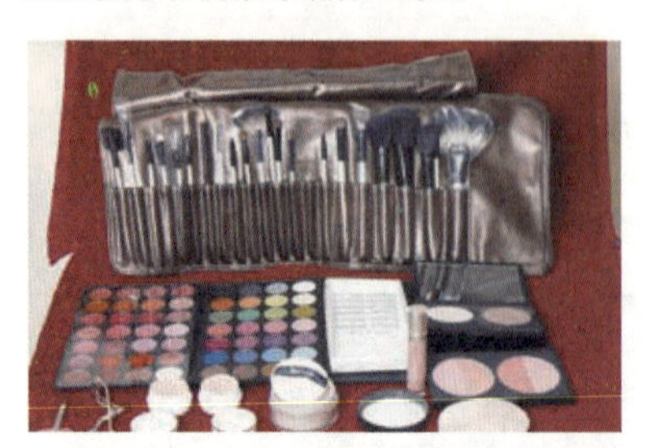

图3-2-11 准备工具和材料

(3)选择相应的护肤品。

为此模特选择滋润型润肤水和保湿面霜。

图3-2-12 选择相应的护肤品

(4)进行底妆的涂抹。

用手或粉底刷蘸取适量粉底霜,均匀涂抹于面部皮肤,使面部肤色均匀,注意发髻线边缘的修饰与过渡。

注意:在涂抹底妆前,需要清洁双手,并倒取适量的护肤品为模特涂抹面部。

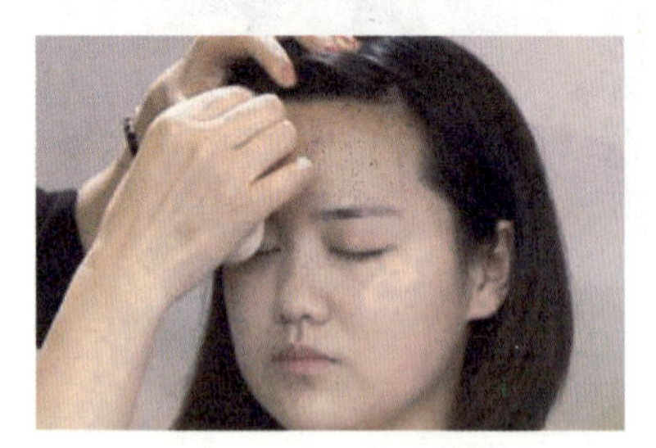

图3-2-13 进行底妆的涂抹

(5)提亮肤色。

用手或粉底刷蘸取浅色粉底膏浅浅涂抹于额头、鼻梁和下巴位置,让"T"区有视觉上的凸出和立体感,下眼睑眼袋部分颜色可以打得厚重一些,这样可起遮盖效果,也可让肤色亮一些。

图3-2-14 提亮肤色

(6)眼部打底。

用手或粉底刷把下眼睑部分妆底打厚,上眼睑边缘遮盖底色,让最后的眼影上色还原度更好。

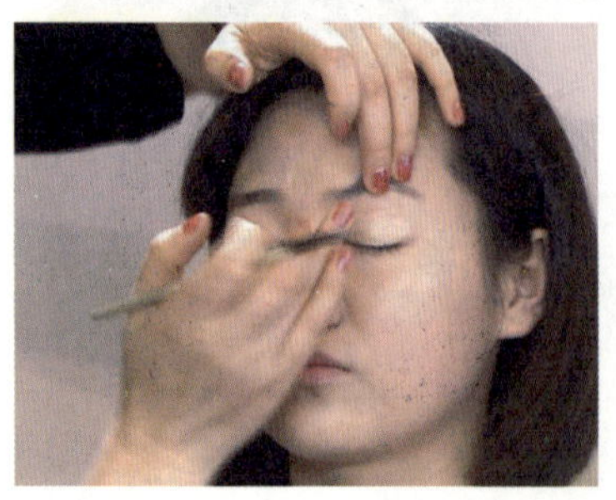

(a)

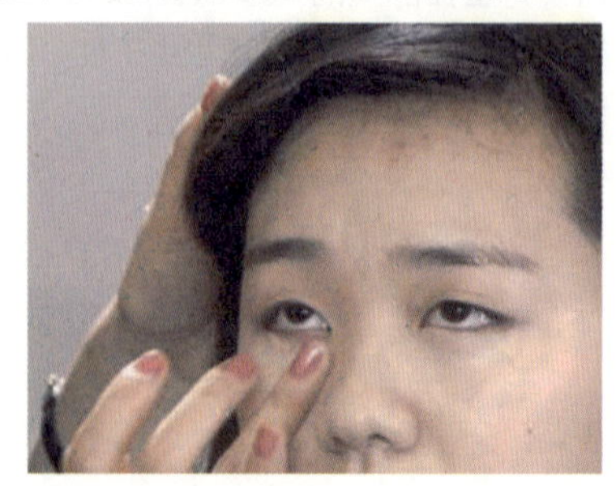

(b)

图3-2-15 眼部打底

（7）面部遮瑕。

用手或粉底刷蘸取适量粉底，遮住模特面部痘痘、鼻翼区毛孔，上眼睑底部也可以遮盖一下，有助于眼影的上色。

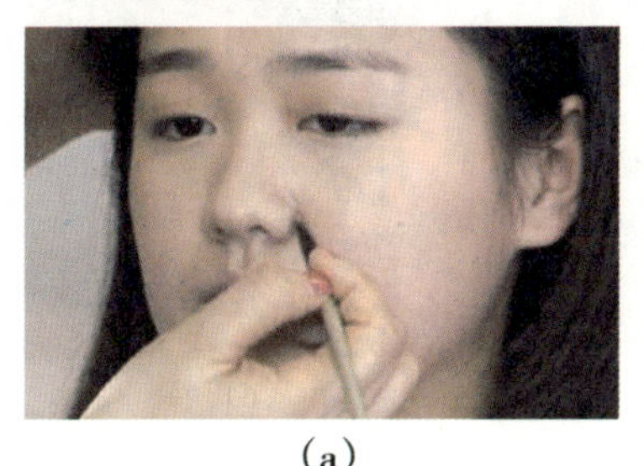

(a)

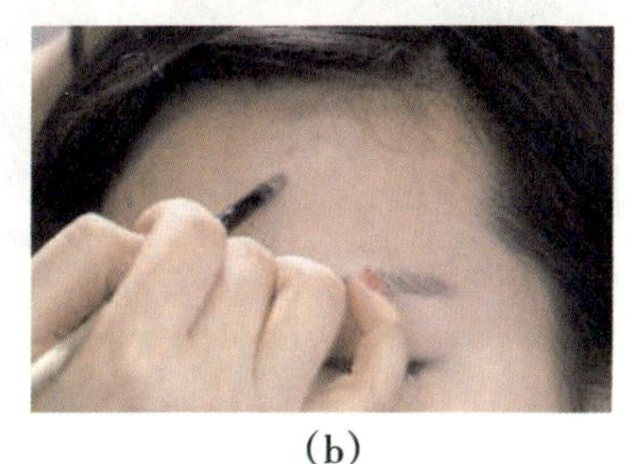

(b)

图3-2-16　面部遮瑕

（8）深色粉底膏修饰脸形。

用粉底刷蘸取深色粉底膏均匀涂抹在骨窝位置，最边缘不得超过眼睛的中部，加深面部轮廓的立体感。

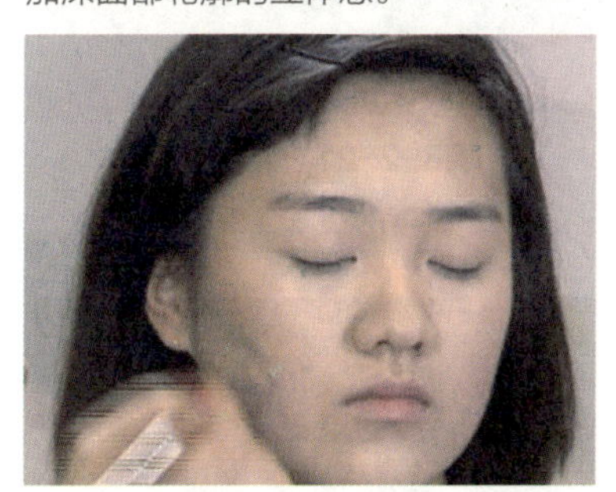

图3-2-17　深色粉底膏修饰脸形

（9）收内眼窝暗影。

收内眼窝，让眼部更加立体，鼻梁根部不是很立体的模特，可以增加鼻侧影。

图3-2-18　收内眼窝暗影

（10）用散粉定妆。

用大号散粉刷蘸取定妆粉均匀轻扫在面部，并用粉扑压实。眼睑和鼻翼、嘴角等易脱妆部位重点定妆。

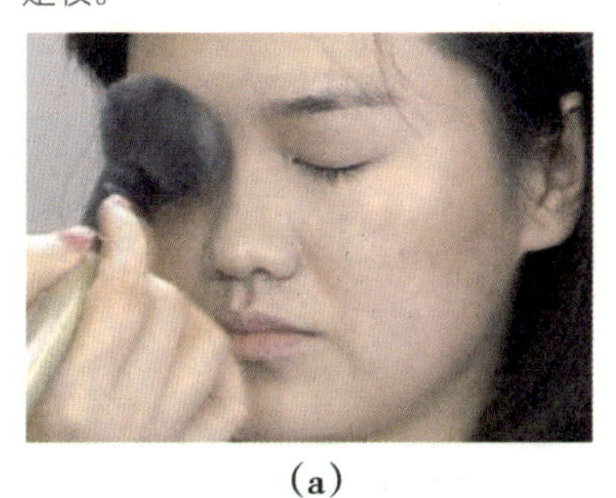

(a)

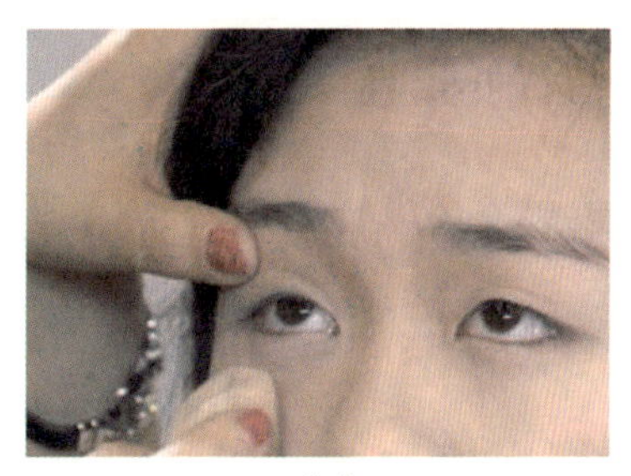

(b)

图3-2-19　用散粉定妆

(11) 描画眉毛。

用眉笔描绘出眉形，再用眉刷刷匀，让颜色变得更柔和。

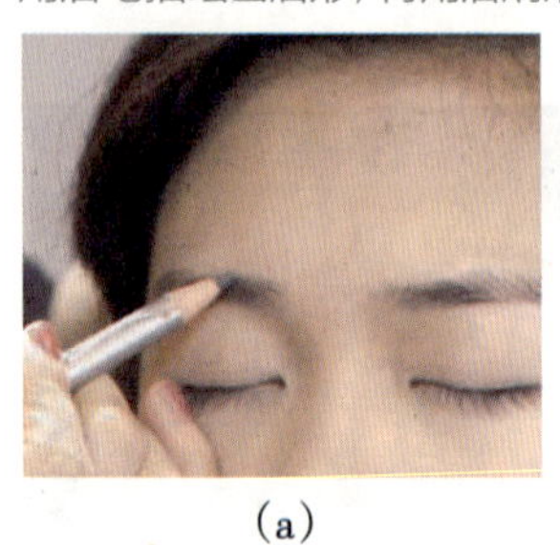
(a)

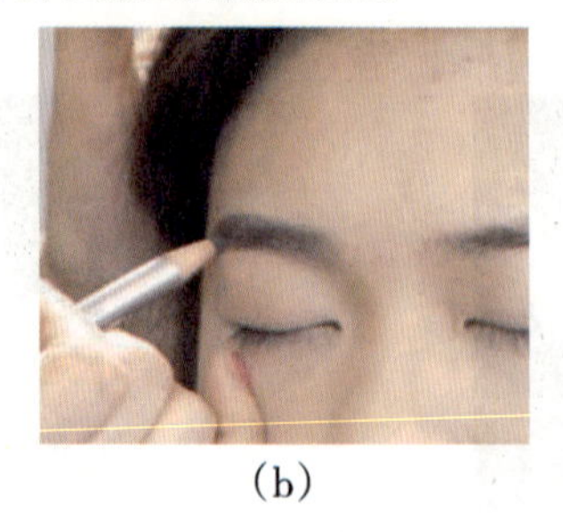
(b)

(c)

图3-2-20 描画眉毛

(12) 描画眼线。

用眼线笔从后眼尾睫毛根处着笔，轻轻往前画，到内眼角处可从前往后画。注意线条边缘要整齐，让模特配合睁眼，查看眼线宽度是否合适。

图3-2-21 描画眼线

(13) 眼影打底。

用大号眼影刷蘸取白色眼影粉在模特眼皮上做底色，让下一步所上颜色的饱和度更高。

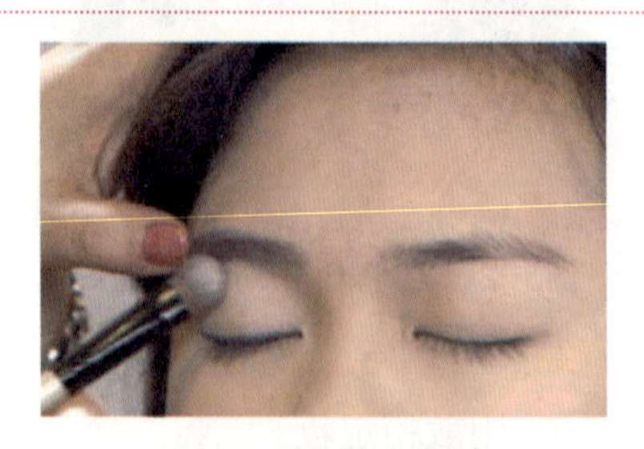
图3-2-22 眼影打底

(14) 眼影过渡。

用中号眼影刷蘸取彩色眼影粉，贴着睫毛根做一小范围的过渡。

图3-2-23 眼影过渡

（15）眼线过渡。

用小号眼影刷蘸取深色眼影粉，描画眼线的过渡。

图3-2-24　眼线过渡

（16）眼影再次过渡。

大号眼影刷蘸取白色眼影，把彩色眼影做一过渡，让深浅颜色过渡更自然。

注意：晚妆浓度较高，眼影粉容易弄脏别的地方，所以要及时清扫。

图3-2-25　眼影再次过渡

（17）再次描绘眼线。

用黑色眼线笔或者眼影粉在下眼线部位，贴着睫毛根，后眼尾部分粗，越往前过渡越细，上眼线亦如此。

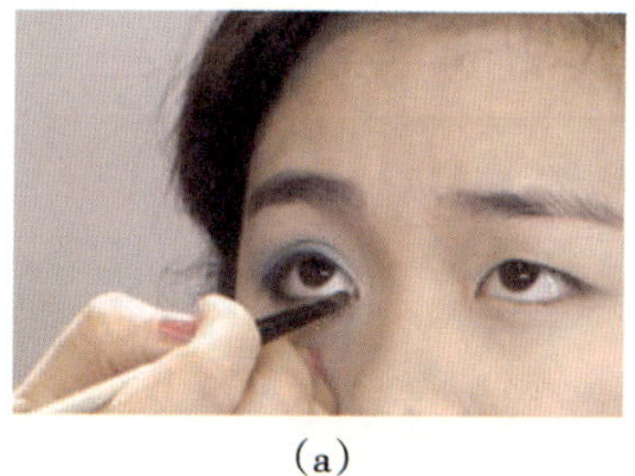

（a）

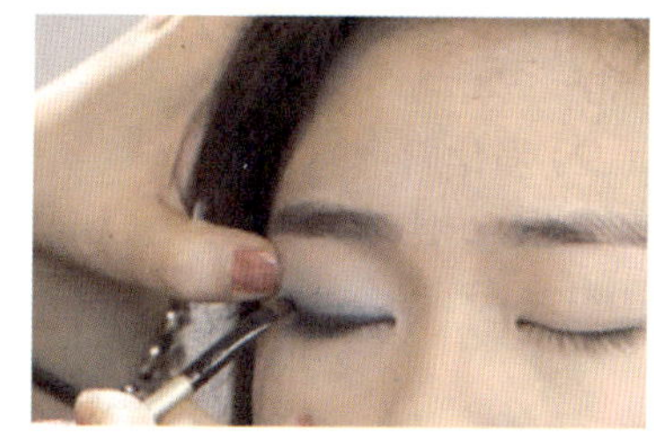

（b）

图3-2-26　再次描绘眼线

（18）夹睫毛。

夹睫毛分为三段，睫毛根、睫毛中段和睫毛尖，每夹起一次，停留2~3秒钟。

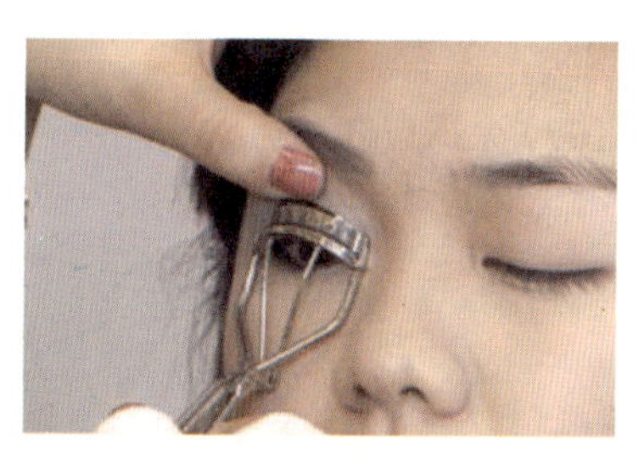

图3-2-27　夹睫毛

(19)涂刷睫毛膏。

用睫毛刷蘸取睫毛膏以“之”字形均匀涂抹上下睫毛，等睫毛干后，再开始粘假睫毛，或者省略睫毛膏直接粘贴假睫毛。

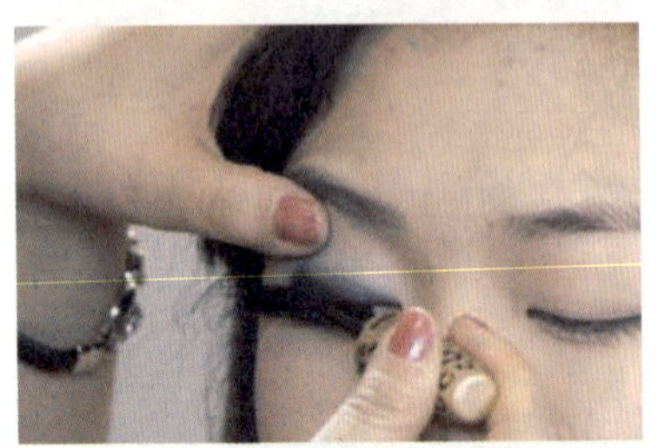

图3-2-28 涂刷睫毛膏

(20)涂抹腮红。

用腮红刷蘸取少量腮红，涂抹在骨窝处，往前斜向均匀推开，自然晕染。

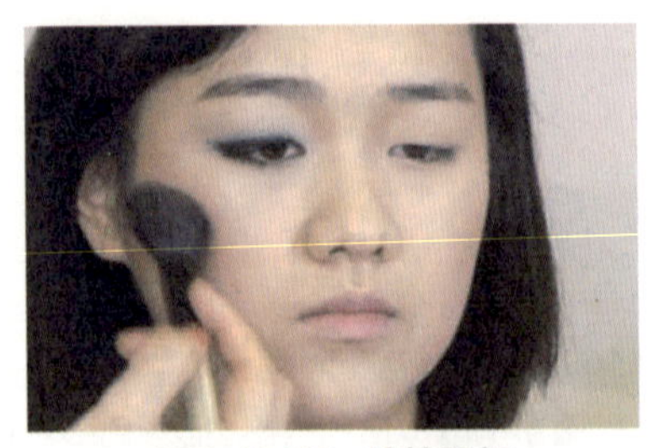

图3-2-29 涂抹腮红

(21)涂抹口红准备。

在涂抹口红之前，先上一层白色润唇膏，作为底色修饰。

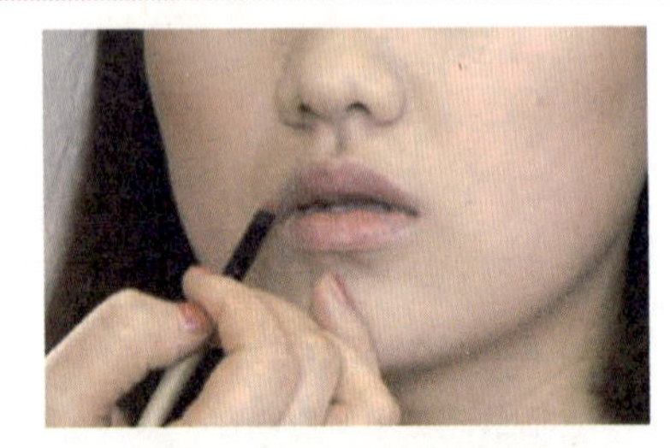

图3-2-30 涂抹口红准备

(22)强化唇形。

用唇线笔勾勒唇线，使嘴唇更加饱满，再用棉签把边缘修饰整齐。

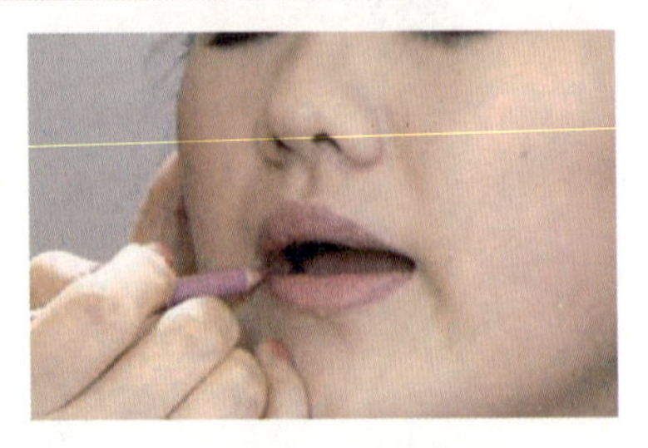

图3-2-31 强化唇形

(23)涂抹口红。

用口红刷均匀地涂抹口红。

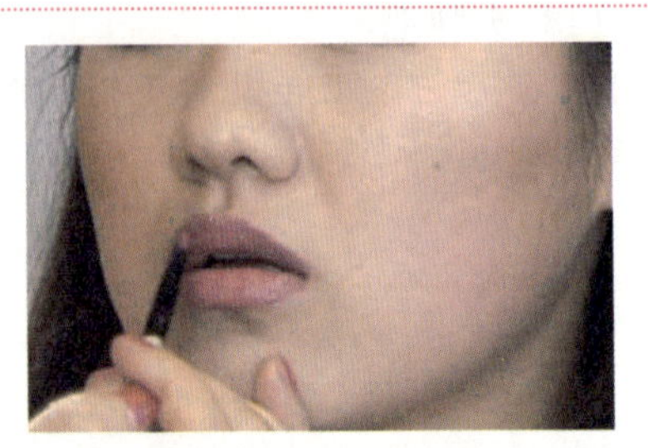

图3-2-32 涂抹口红

（24）修饰假睫毛。

晚宴妆经常是暴露在灯光下面的妆容，对眼妆和睫毛的要求比较高，我们通常选比较浓密一些的假睫毛。把假睫毛与模特眼睛比对，查看是否需要修剪，给假睫毛涂抹睫毛胶，涂抹睫毛胶时两端要涂得均匀厚实，因为此处容易脱胶。

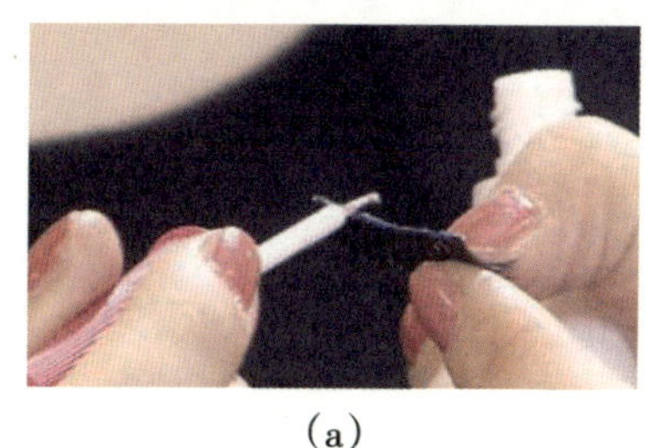

(a)

(b)

图3-2-33　修饰假睫毛

（25）粘假睫毛。

轻轻提起睫毛根，粘贴准备好的假睫毛，然后用少许睫毛胶水把真假睫毛刷在一起，避免真假睫毛弧度不一致。

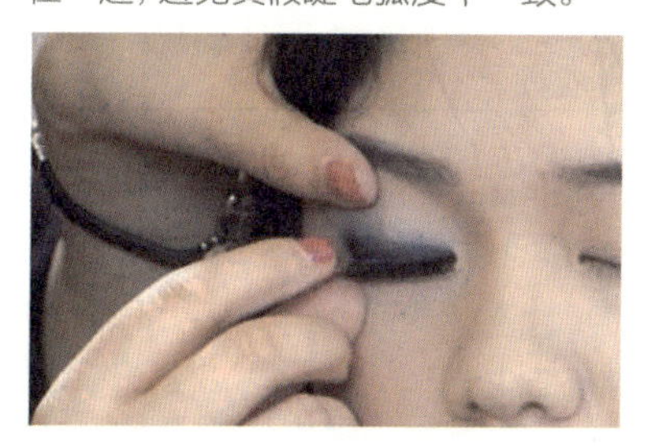

图3-2-34　粘假睫毛

（26）整体修饰。

检查有无晕妆、脏妆等问题。

图3-2-35　整体修饰

四、学生活动

（一）工作过程

1. 在实训室为模特描画晚妆宴会妆

（1）开始之前，和模特沟通搭配的服装，观察模特的年龄和五官特点、皮肤肤质和肤色等特征。

（2）根据模特肤质选择合适的护肤品和底妆产品。

（3）根据模特服装和五官特点设计晚妆宴会妆的画法。

（4）熟悉涂抹“倒钩”手法的眼影位置。

(5) 使用珠光眼影时注意不能掉渣，可少量多次蘸取眼影，或在眼睑下方垫上纸巾。

2. 你可能会遇到的问题

(1) 珠光眼影使用不当，造成肿眼泡怎么办?

(2) 已经脏妆需要改妆怎么办?

3. 你需要特别注意的问题

(1) 晚妆宴会妆的妆面可以有个性美，但不能太过夸张。

(2) 晚装宴会妆的用色可以艳丽，但避免同时使用很多艳丽颜色。

(3) 整体妆面协调服装并符合模特气质。

4. 我发现的问题及解决之道

____

____

____

____

(二) 工作评价

晚妆宴会妆工作评价标准如表3-2-2所示。

表3-2-2 晚妆宴会妆工作评价标准

评价内容	评价标准			评价等级
	A(优秀)	B(良好)	C(及格)	
准备工作	工作区域干净整齐，工具齐全，码放整齐，仪器设备安装正确，个人卫生仪表符合工作要求	工作区域干净整齐，工具齐全，码放比较整齐，仪器设备安装正确，个人卫生仪表符合工作要求	工作区域比较干净整齐，工具不齐全，码放不够整齐，仪器设备安装正确，个人卫生仪表符合工作要求	A B C
操作步骤	能够独立对照操作标准，使用准确的技法，按照规范的操作步骤完成实际操作	能够在同伴的协助下对照操作标准，使用比较准确的技法，按照比较规范的操作步骤完成实际操作	能够在老师的指导帮助下，对照操作标准，使用比较准确的技法，按照比较规范的操作步骤完成实际操作	A B C

续表

评价内容	评价标准			评价等级
	A（优秀）	B（良好）	C（及格）	
操作时间	规定时间内完成项目	规定时间内在同伴的协助下完成项目	规定时间内在老师帮助下完成项目	A B C
操作标准	修饰后粉底涂抹均匀，遮瑕效果明显，肤色自然，五官立体感强	修饰后粉底涂抹均匀，遮瑕效果明显，肤色自然	修饰后粉底涂抹均匀，并有遮瑕效果，五官轮廓立体感欠缺	A B C
	眉形有立体感，线条精致，边缘整洁	眉形有立体感，线条精致	眉形有立体感，边缘略粗糙，有改动痕迹	A B C
操作标准	眼影色调华丽大气，有层次过渡，立体感强，色彩搭配协调	眼影色彩艳丽，在眼窝范围以内，有层次过渡	眼影在眼窝范围内，有立体感，色彩不够突出	A B C
	睫毛粘贴自然，腮红修饰脸形，口红颜色与整体色彩协调	睫毛自然，腮红位置正确，用口红勾勒唇形清晰	睫毛自然，腮红位置正确，口红颜色选择不当	A B C
整理工作	工作区域干净整洁、无死角，工具仪器消毒到位，收放整齐	工作区域干净整洁，工具仪器消毒到位，收放整齐	工作区域较凌乱，工具仪器消毒到位，但收放不整齐	A B C
学生反思				

五、知识链接

不同脸形涂抹腮红的位置

（1）长脸形：腮红应以外眼角颧骨最高点为起点，向耳根方向涂抹，色彩应柔和。

（2）圆脸形：腮红应以颧骨外侧为起点，斜向下往嘴角外侧方向涂抹，突出脸部立体感。

（3）三角脸形：腮部较大，额头又偏窄，所以涂抹腮红时起点不能过高，以鬓部为起点，斜向往下向嘴角外侧涂抹。

（4）菱形脸形：颧骨突出，腮红以颧骨外侧最高点为起点，往鼻翼方向涂抹。

专题实训

一、个案分析

某位同学的姐姐要参加朋友的酒会，需要给姐姐画个晚宴妆。姐姐二十五岁，基本特点是标准脸形，皮肤偏油性，眼睫毛稀疏。这位同学给姐姐画了晚宴妆后，姐姐觉得在礼服的衬托下，妆容暗淡无光，尤其眼妆显得很淡，皮肤还有出油脱妆的现象，没有想象之中妆容的华丽感。请问这个同学该如何补救这个失败的妆面？

请你仔细分析可能造成妆面失败的原因以及补救方法，在空白处写出来。

____

____

____

____

二、专题活动

你要在同学之间找到以下几种特点的模特，为她们设计晚妆的画法和你需要的妆后效果，写出来带到课堂讲评。

模特要求：

（1）单眼皮眼形女生。

（2）下垂眼眼形女生。

（3）金鱼眼眼形女生。

三、课外实训记录表

请将你在本单元学习期间参加的各项专业实践活动情况记录在表3-2-3中。

表3-2-3 本单元课外实训记录表

服务对象	时间	工作场所	工作内容	服务对象反馈

单元四　男妆

单元导读

内容介绍

今天，男妆是生活中少见的妆形，很多人不知道电影电视里各种型男帅哥都是离不开“妆”的。从电视里的新闻主播，到“T”台上的男模，化妆让他们的形象瞬间提升或是百变不穷，如图4-1-1所示。

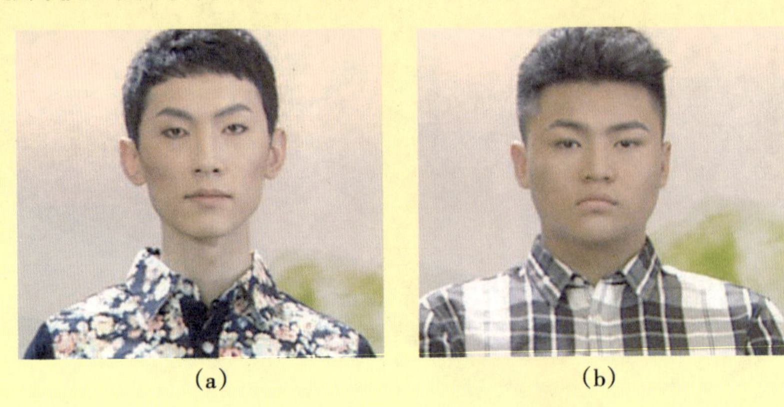

（a）　　（b）

图4-1-1　男妆

单元目标

（1）能够通过观察，判断模特肤质的状况，选择适当的化妆品和工具。

（2）能够借助男妆的技术，达到五官轮廓描画清晰，符合男妆妆面气质。

（3）能按照程序进行男妆电视妆和男妆舞台妆的描画。

项目一　男妆电视妆

项目描述

男妆电视妆是男性文艺工作者常用的妆面，因为有灯光和场地等因素的限制，所以在用色上力求真实自然，强调五官的清晰立体，让肤色更健康、形象更突出。如图4-1-2所示。

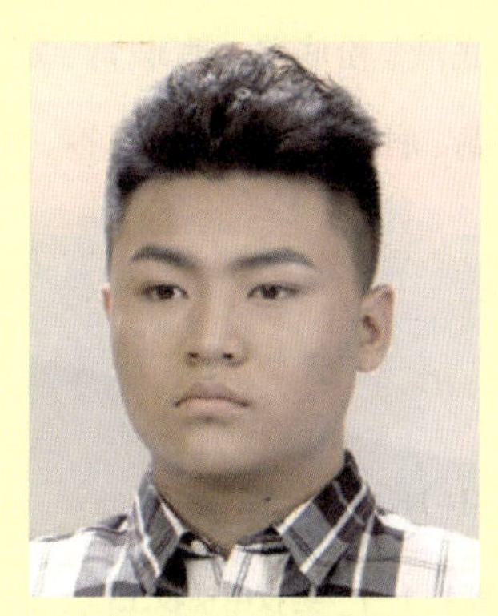

图4-1-2　男妆电视妆

工作目标

（1）会使用正确的方法描画男妆电视妆。

（2）能够通过观察模特五官特点和肤质的状况选择适当的化妆品和工具。

（3）能够借助男妆电视妆的技术达到五官轮廓结构立体、妆容自然的效果。

（4）能按照程序进行男妆电视妆的描画。

一、知识准备

（一）男妆电视妆的含义

男妆电视妆是指在镜头前因拍摄需要描画的符合电视角色的妆容，如新闻主播、电视电影的拍摄等。根据服装搭配和应用场合的需要，在妆容的设计上可以有一定创意和改变。

（二）男妆电视妆的作用

（1）矫正和修饰面部五官的瑕疵和不足，并强调面部立体。

（2）搭配不同风格的服装和配饰。

（3）符合拍摄和角色需要。

（三）男妆电视妆的特点

（1）体现自然、健康的肤质。

（2）面部轮廓有立体感。

（3）搭配服装和角色需要。

（四）化妆工具和材料

化妆套刷、妆前护肤品、粉底液、粉底膏、遮瑕膏、定妆散粉、海绵扑、修眉工具、眉笔、眉粉、眼线笔、眼影粉、睫毛膏、唇彩、润唇膏、棉签。

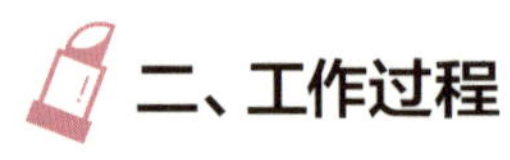

二、工作过程

（一）工作标准

男妆电视妆工作标准如表4-1-1所示。

表4-1-1　男妆电视妆工作标准

内　容	标　准
准备工作	工作区域干净整齐，工具齐全，码放整齐，仪器设备安装正确，个人卫生仪表符合工作要求
操作步骤	能够独立对照操作标准，使用准确的技法、按照规范的操作步骤完成实际操作
操作时间	在规定时间内完成项目
操作标准	修饰后粉底涂抹均匀，肤色自然，无明显珠光，无明显浮粉
	眉形自然有立体感，边缘整洁
	眼线虚化弱化，无明显修饰痕迹，突出眼部立体
	眼影大地色系，无明显痕迹，修饰眼睛神韵
整理工作	工作区域干净整洁、无死角，工具仪器消毒到位，收放整齐

（二）关键技能

1. 底妆的修饰

底妆的修饰如图4–1–3～图4–1–6所示。

（1）粉底的选择。

根据模特原肤色和角色的特点选择粉底颜色，通常都会选择比原肤色稍深一号的粉底液，若模特皮肤太干，可加入适量润肤油，可以提高底膏的质感。

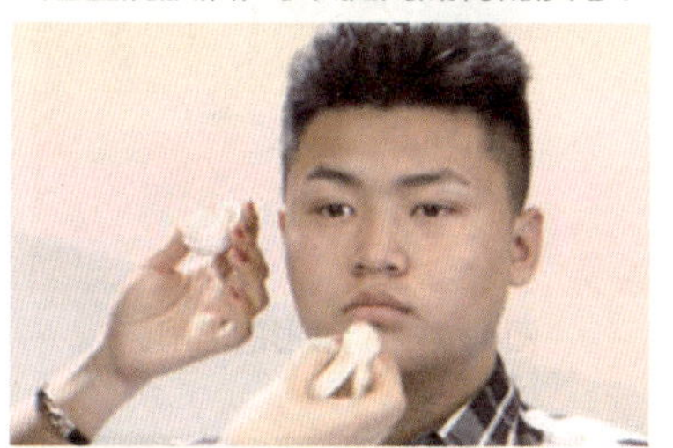

图4–1–3　粉底的选择

（2）粉底的涂抹。

选择一款膏状的粉底，借助于海绵进行涂抹，如果模特的皮肤比较干燥，可添加一滴润肤油，使底膏的质感更好；顺着毛孔生长的方向涂抹，让底膏和皮肤更为服帖。男模特有的会有胡须，这些地方的颜色要和周围有个衔接，发鬓线处、脖子和腮骨边缘的肤色要衔接自然。

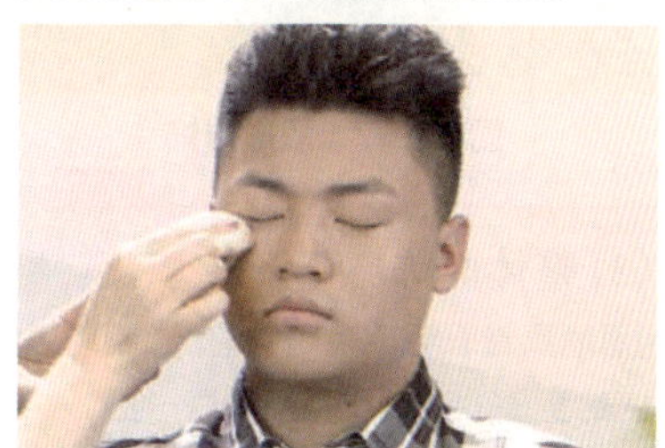

图4–1–4　粉底的涂抹

（3）提亮。

模特的额头比较宽，提亮的面积不用太大，小面积提亮即可。用浅一号的粉底膏涂抹在额头、鼻梁、眼底三角部位，唇下“U”形区域等部位小面积提亮。对这些部位进行提亮时，要注意与周围肤色的自然衔接，眉骨部位的提亮是为了让模特眼睛更深邃、更立体。

注意：男士比女士多眉骨提亮。

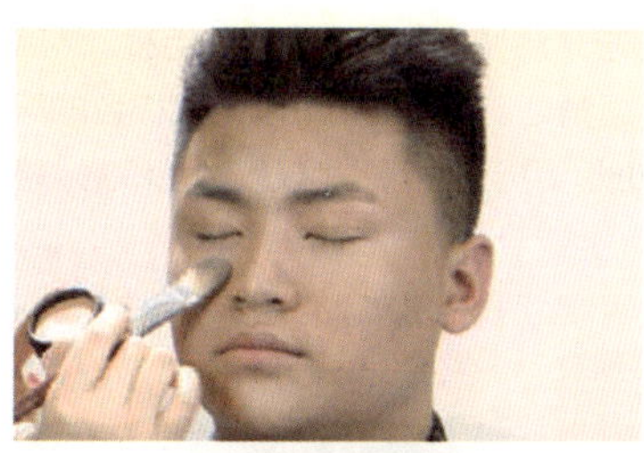

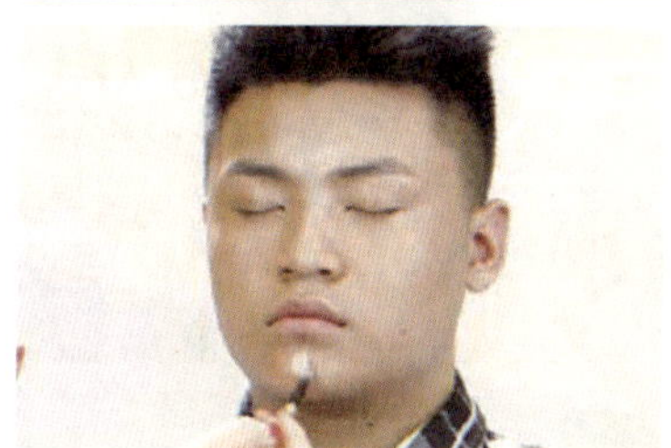

图4–1–5　提亮

（4）暗影。

用深色粉底膏涂抹在鼻子两侧、两颊颧骨下边缘、内眼窝、腮骨边缘等位置，用明暗色调的对比来显示面部结构的轮廓。

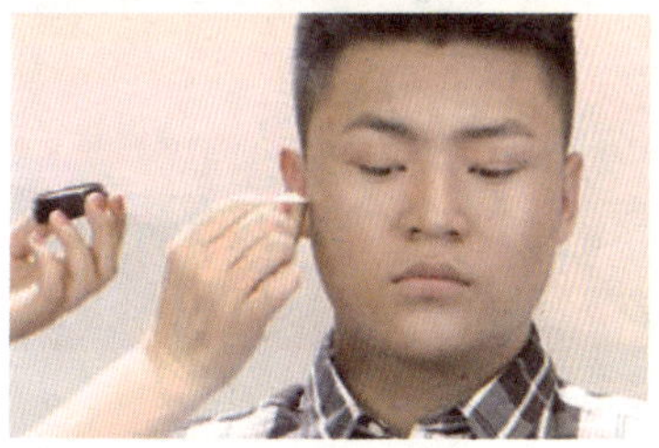

图4–1–6　暗影

2. 眉毛的修饰

眉毛的修饰如图4–1–7～图4–1–9所示。

（1）眉形修饰。

根据模特脸形设计合适的眉形，并修剪多余的杂眉，眉尾不能像女孩子那样过细，一般是平直状。

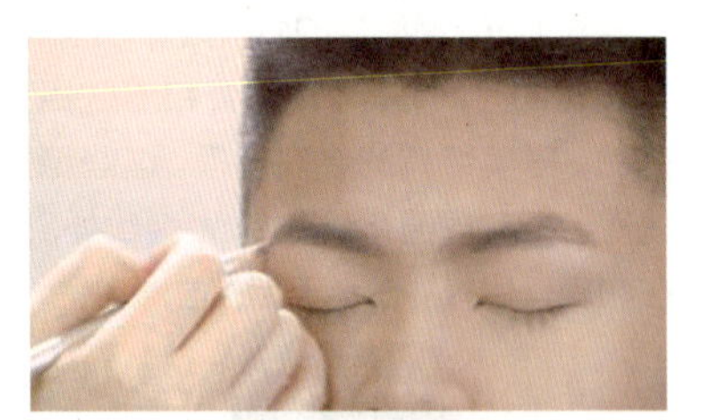

图4–1–7　眉形修饰

（2）眉形的描画。

用眉刷蘸取深灰色眉粉，填补眉毛中缺少的部分。注意，若眉峰和眉尾有断眉等情况，则要用眉笔顺着眉毛生长方向一根根填补式描画。

图4–1–8　眉形的描画

（3）整体修饰。

用眉刷顺着眉毛轻轻刷均匀，让颜色更自然柔和。

注意：男眉的浓度比女眉稍重一些。

图4–1–9　整体修饰

3. 眼线的修饰

眼线的修饰如图4–1–10～图4–1–11所示。

（1）上眼线描画。

请模特闭上眼睛，在贴近睫毛根的部分，用眼线笔以断点的方式虚画上眼线，填补睫毛根。然后用小号眼影刷蘸取棕色的眼影粉，过渡一下眼线。如果模特眼角处脂肪较厚，可以用浅棕色的眼影在眼窝内打底，过渡刚才描画的眼线。下眼线的处理也如此，用小号眼影刷蘸取棕色眼影，轻轻地涂抹在睫毛根处，有一个浅浅的过渡。

注意：眼线的长度不能长过眼角。不能让眼线的形状感太过明显。眼睑脂肪厚的话，可用棕色、浅棕色的眼影在眼窝打底。

（a）

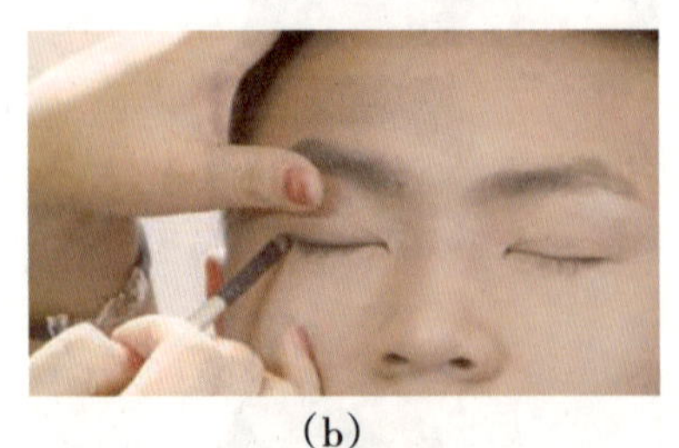

（b）

图4–1–10　上眼线描画

（2）下眼线描画。

如模特睫毛浓密，可不画下眼线；如睫毛稀疏，可用画上眼线的方法描画下眼线的后眼尾处。

注意：内眼角不用刻意描画。

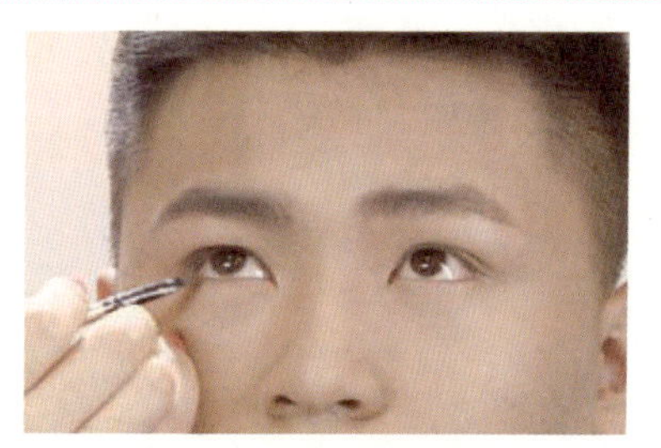

图4-1-11　下眼线描画

（三）操作流程

男妆电视妆操作流程如图4-1-12~图4-1-23所示。

（1）接待顾客/模特。

请模特坐在舒适的化妆椅上，调整好坐姿，观察模特的面部特征，模特肤质为油性，眉峰眉毛杂乱，鼻梁根部不够立体。

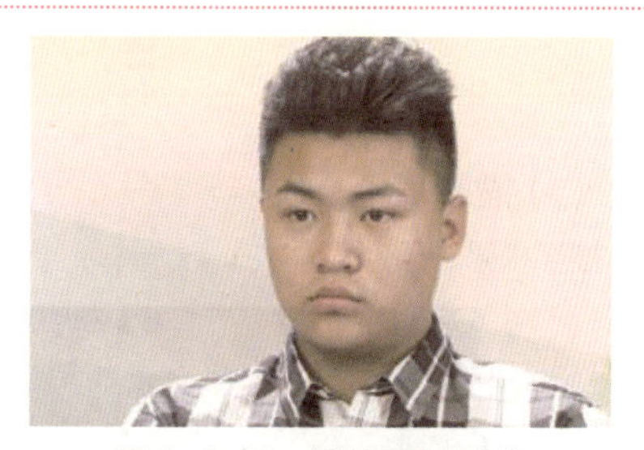

图4-1-12　接待顾客/模特

（2）准备工具和材料。

按照要求摆放化妆品和工具。

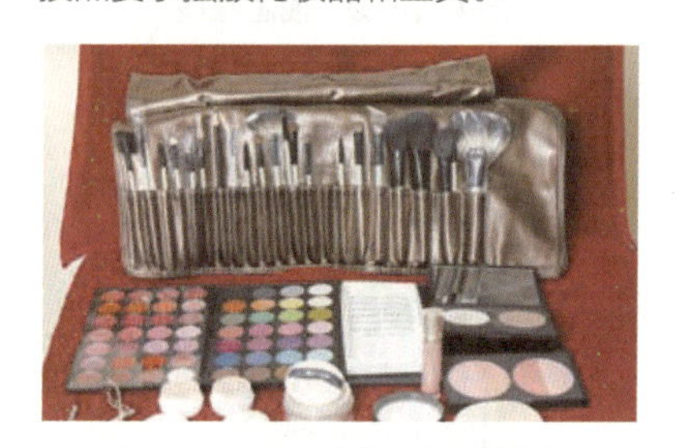

图4-1-13　准备工具和材料

（3）选择相应的护肤品。

为此模特选择清爽型润肤水和乳液。

图4-1-14　选择相应的护肤品

（4）进行底妆的涂抹。

按要求涂抹底妆。

注意：在涂抹底妆前，需要清洁双手，并倒取适量的护肤品为模特涂抹面部。

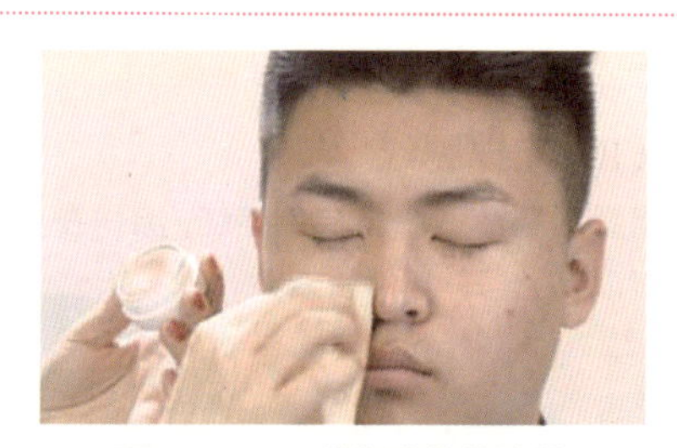

图4-1-15　进行底妆的涂抹

（5）提亮和暗影。

按要求提亮和收暗影。

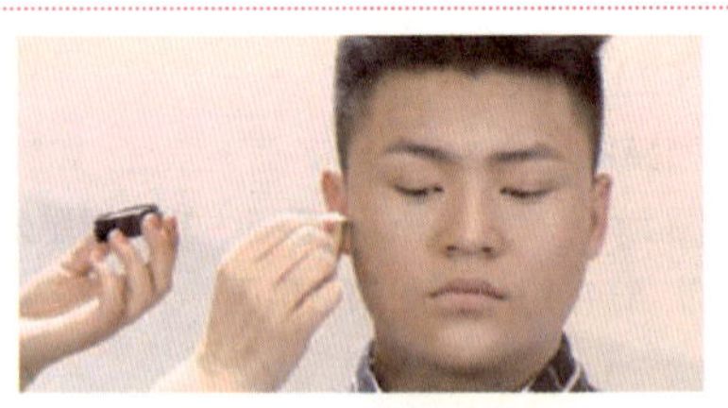

图4-1-16 提亮和暗影

（6）用散粉定妆。

用大号散粉刷蘸取同粉底色的定妆粉均匀轻扫在面部，并用粉扑压实。眼睑和鼻翼、嘴角等易脱妆部位重点定妆。定下眼睑时，让模特往上看，用粉扑轻轻地压实。

图4-1-17 用散粉定妆

（7）描画眉毛。

按要求修饰眉形。

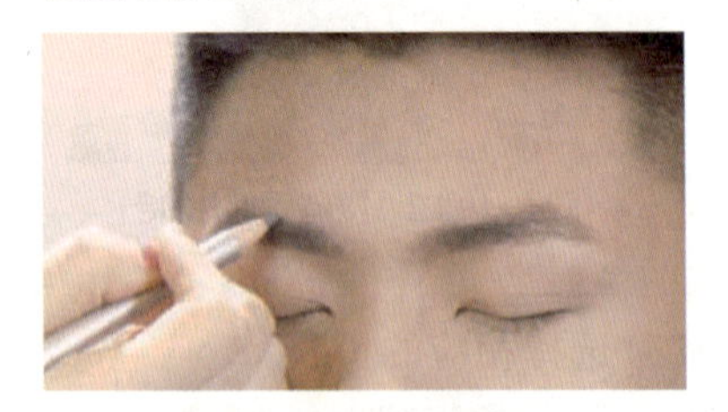

图4-1-18 描画眉毛

（8）描画眼线。

按要求修饰眼线。

图4-1-19 描画眼线

（9）描画眼影。

用中号眼影刷蘸取浅棕色眼影涂抹在睫毛根部，小面积晕染，注意眼窝深的模特可省略眼影步骤。

图4-1-20 描画眼影

（10）涂抹腮红。

用腮红刷蘸取少量棕色腮红，涂抹在骨窝暗影位置，均匀推开，自然晕染。

图4-1-21 涂抹腮红

（11）涂抹口红。

用唇刷蘸取透明亚光的润唇膏均匀地涂抹在嘴唇上，若模特唇色太浅，可用少量亚光砖红色口红修饰。

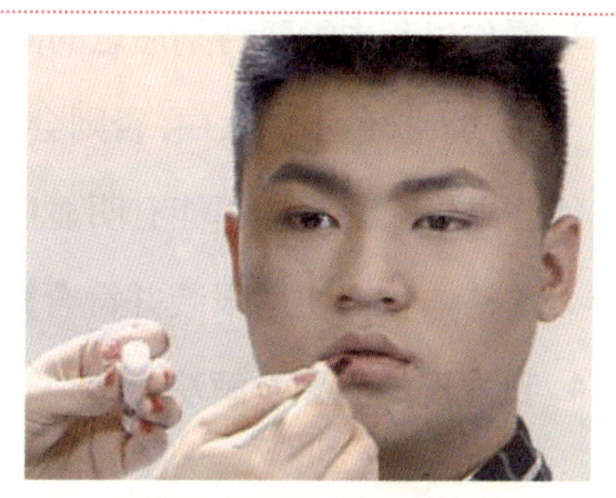

图4-1-22　涂抹口红

（12）整体修饰。

检查有无晕妆、脏妆等问题。

图4-1-23　整体修饰

三、学生活动

（一）工作过程

1. 布置项目：在实训室为模特描画男妆电视妆

（1）开始之前，和模特沟通搭配的服装，观察模特的年龄和五官特点、皮肤肤质和肤色等特征。

（2）根据模特肤质选择合适的护肤品和底妆产品。

（3）根据模特服装和角色需要设计男妆电视妆的画法。

（4）描画眼线时注意不能太过刻意痕迹明显。

（5）暗影过渡要自然，无明显色差。

2. 操作过程中可能会遇到的问题

（1）粉底颜色选择不当，和发际线、脖子等处有明显色差怎么办？

（2）眉笔画眉毛画得太过浓重怎么办？

3. 操作过程中需要特别注意的问题

（1）男妆肤色不能太白，否则会失去阳刚之美。

（2）男妆眼部修饰不能有明显痕迹，应选好色调。

（3）整体妆面协调服装并符合角色需要。

4. 我发现的问题及解决之道

____

____

____

（二）工作评价

男妆电视妆工作评价标准如表4–1–2所示。

表4–1–2　男妆电视妆工作评价标准

评价内容	评价标准			评价等级
	A（优秀）	B（良好）	C（及格）	
准备工作	工作区域干净整齐，工具齐全，码放整齐，仪器设备安装正确，个人卫生仪表符合工作要求	工作区域干净整齐，工具齐全，码放比较整齐，仪器设备安装正确，个人卫生仪表符合工作要求	工作区域比较干净整齐，工具不齐全，码放不够整齐，仪器设备安装正确，个人卫生仪表符合工作要求	A B C
操作步骤	能够独立对照操作标准，使用准确的技法，按照规范的操作步骤完成实际操作	能够在同伴的协助下对照操作标准，使用比较准确的技法，按照比较规范的操作步骤完成实际操作	能够在老师的指导帮助下，对照 操作标准，使用比较准确的技法，按照比较规范的操作步骤完成实际操作	A B C
操作时间	规定时间内完成项目	规定时间内在同伴的协助下完成项目	规定时间内在老师帮助下完成项目	A B C
操作标准	修饰后粉底涂抹均匀，肤色自然，无明显珠光，无明显浮粉	修饰后粉底涂抹均匀，肤色自然，无明显珠光	修饰后粉底涂抹均匀，但有细微浮粉	A B C
	眉形自然，有立体感，边缘整洁	眉形有立体感	眉形有立体感，边缘略粗糙，有改动痕迹	A B C
	眼线虚化弱化，无明显修饰痕迹，突出眼部立体	眼线紧贴睫毛根部，修饰眼部立体	眼线有轻微修饰痕迹	A B C

续表

评价内容	评价标准			评价等级
	A（优秀）	B（良好）	C（及格）	
操作标准	眼影大地色系，无明显痕迹，修饰眼睛神韵	眼影大地色系，自然，无修饰痕迹	眼影有轻微修饰痕迹	A B C
整理工作	工作区域干净整洁、无死角，工具仪器消毒到位，收放整齐	工作区域干净整洁，工具仪器消毒到位，收放整齐	工作区域较凌乱，工具仪器消毒到位，但收放不整齐	A B C
学生反思				

四、知识链接

（一）卸妆的重要性

大部分人都知道护肤的重要性，却很少有人知道护肤的一个重要步骤是卸妆。很多人认为普通洗面奶就可以将脸部的污垢和彩妆洗净。其实这个观点是错的，您往脸上涂的任何一种彩妆品，包括BB霜、隔离霜、防晒霜等，用普通洁面产品是无法彻底洗净的，所以需要卸妆。否则，长期堆积在毛孔里的残妆会导致毛孔堵塞和毛囊发炎，或是面部出现色斑等症状。要想拥有完美的肌肤，卸妆这个步骤必不可少。彻底清洁皮肤，彻底地卸妆，才是呵护皮肤的根本。

（二）如何选择卸妆产品

市场上卸妆产品很常见，有卸妆乳液、卸妆水、卸妆油、卸妆膏，眼部和唇部局部专用的卸妆产品等。应根据不同的肤质，有针对性使用卸妆产品。

中干性皮肤，选择一般的卸妆水和乳液均可；油性和混合性皮肤，可选择卸妆油和卸妆膏；敏感性皮肤，可选择质地温和的局部卸妆产品。

在您遇到特殊情况时，如果没有专用的卸妆品，也可利用润肤乳、婴儿油、婴儿润肤巾等产品替代卸妆品，卸去脸上彩妆。把润肤乳或婴儿油涂抹在彩妆部位，推匀打圈，使彩妆溶解，然后用纸巾擦拭掉，可起到卸妆作用。如果您化的妆较浅淡，也可以用湿润的婴儿润肤巾擦拭全脸，代替卸妆品，不仅方便，还能滋润、保护肌肤。

项目二 男妆舞台妆

项目描述

国内外男性偶像团体的流行，让人们逐渐关注男妆舞台妆。很多人对“T”台上男模的风采赞叹不已。你知道男妆的舞台妆有什么特别之处吗？野性和霸气、张扬和个性，只在那一笔一画间，彰显无遗！如图4-2-1所示。

图4-2-1 男妆舞台妆

工作目标

(1) 能够通过观察模特五官特点和肤质选择适当的化妆品和工具。

(2) 能够借助男妆舞台妆的技术达到五官轮廓立体有型、妆面时尚个性的效果。

(3) 能按照程序进行男妆舞台妆的描画。

(4) 会使用正确的方法描画男妆舞台妆。

一、知识准备

(一) 男妆舞台妆的含义

男妆舞台妆是指男性在“T”台走秀和在舞台进行时尚演出的妆容。根据服装搭配和应用场合的需要，在妆容的设计上可以有一定创意和改变。

（二）男妆舞台妆的作用

（1）修饰面部五官的瑕疵和不足，并创造个性美。

（2）搭配不同风格的服装和配饰。

（3）符合角色表演的需要。

（三）男妆舞台妆的特点

男妆舞台妆效果较强，引人注目。由于一般都在舞台的强光源下进行，灯光多变，可突出面部凹凸结构，强调面部立体感，并可以有一定的夸张效果。

（四）化妆工具和材料

化妆套刷、妆前护肤品、粉底液、粉底膏、遮瑕膏、定妆散粉、海绵扑、修眉工具、眉笔、眉粉、眼线笔、眼影粉、睫毛膏、唇彩、润唇膏、棉签。

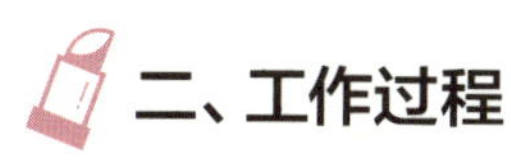

二、工作过程

（一）工作标准

男妆舞台妆工作标准如表4-2-1所示。

表4-2-1　男妆舞台妆工作标准

内　容	标　准
准备工作	工作区域干净整齐，工具齐全，码放整齐，仪器设备安装正确，个人卫生仪表符合工作要求
操作步骤	能够独立对照操作标准，使用准确的技法、按照规范的操作步骤完成实际操作
操作时间	在规定时间内完成项目
操作标准	修饰后粉底涂抹均匀，肤色自然，五官轮廓立体感强
	眉形自然，有阳刚气质，边缘整洁
	眼线紧贴睫毛根部，有调整眼形的作用，突出眼部结构
	眼影大地色系，可根据妆面需要选择不同浓度的眼影，凸显眼部立体感。可根据角色夸张效果
整理工作	工作区域干净整洁、无死角，工具仪器消毒到位，收放整齐

(二)关键技能

1. 底妆的修饰

底妆的修饰如图4-2-2~图4-2-5所示。

(1)粉底的选择。

根据模特原肤色和角色的特点选择粉底颜色,在"T"台上,通常都会选择比原肤色稍深一号的粉底液,而流行歌舞类演出则要略浅一号。

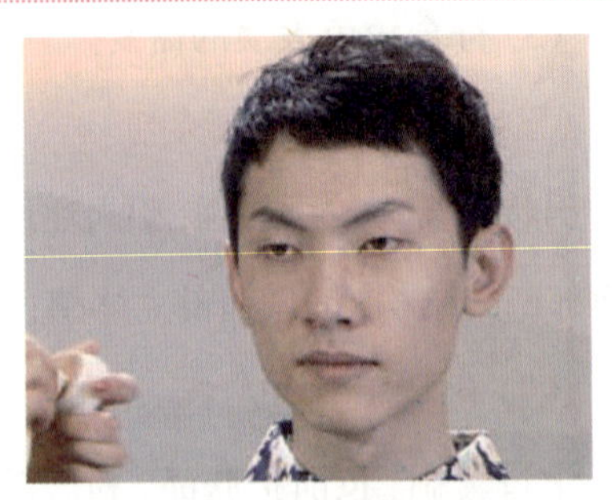

图4-2-2 粉底的选择

(2)粉底的涂抹。

用手或粉底刷蘸取粉底液均匀涂抹在面部,顺着毛孔生长的方向,从内向外侧均匀地涂抹,接近发髻线边缘时要越来越薄,发髻线的边缘要与皮肤的颜色相协调。模特下眼睑的肤色与旁边有较大的色差,涂抹粉底不可忽略,注意脸部边缘薄涂。

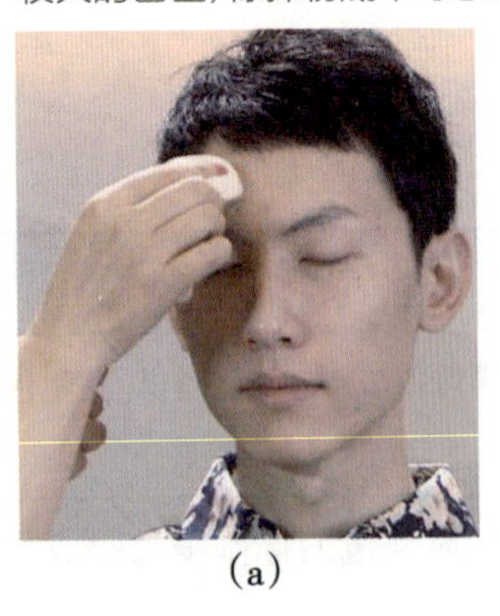

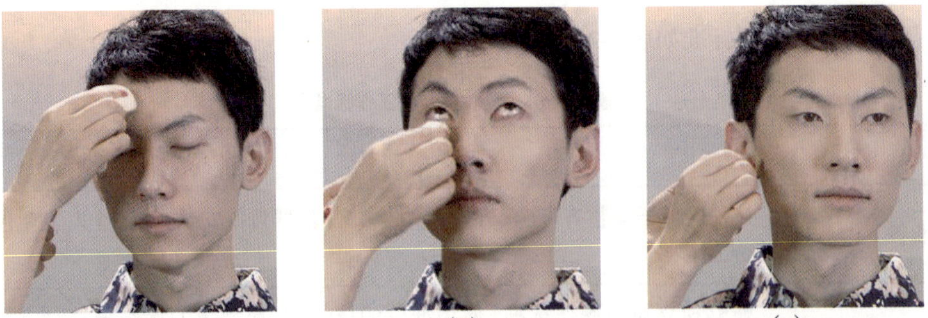

(a)

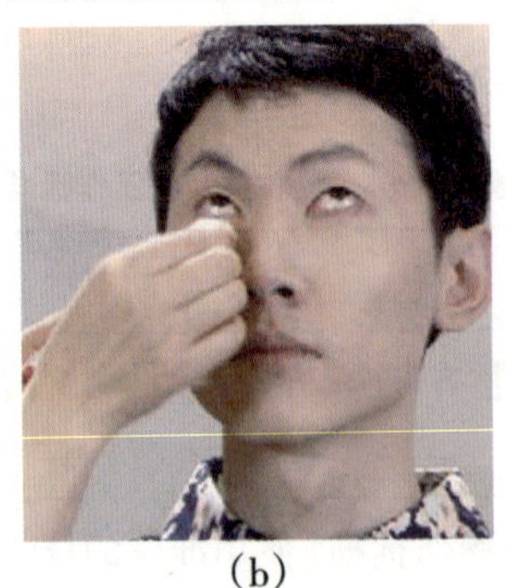

(b)

(c)

图4-2-3 粉底的涂抹

(3)提亮。

用浅一号的粉底膏涂抹在额头、鼻梁、眼底三角部位,唇下"U"形区域等部位,小面积提亮。

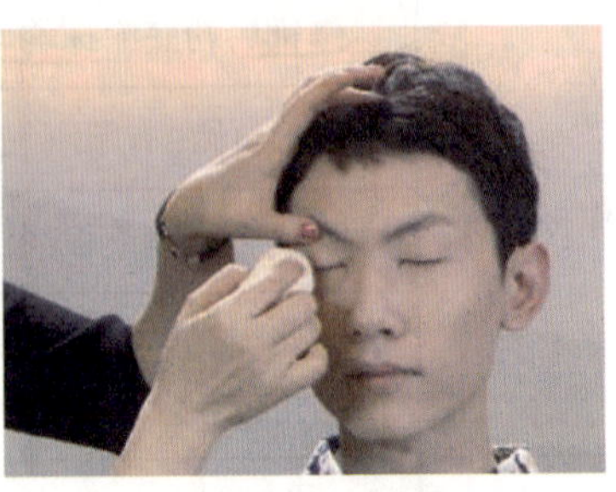

图4-2-4 提亮

（4）暗影。

用深色粉底膏涂抹在鼻子两侧、两颊颧骨下边缘、内眼窝、腮骨边缘等位置，用明暗色调的对比来显示面部结构的轮廓。

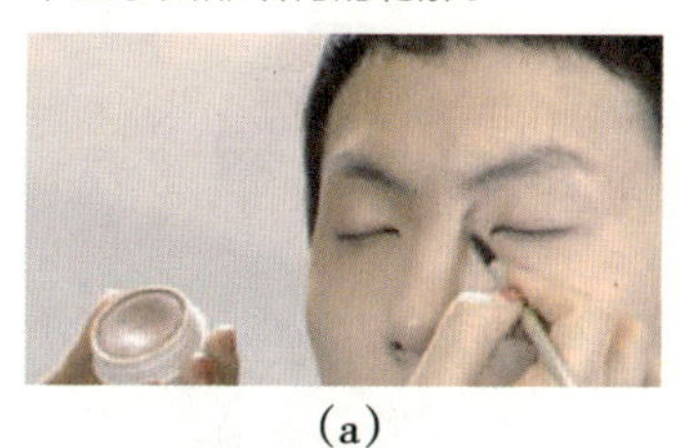

(a)

(b)

图4-2-5　暗影

2. 眼线的描画

眼线的描画如图4-2-6～图4-2-7所示。

（1）上眼线描画。

请模特闭上眼睛，用眼线笔紧贴着睫毛根部轻轻描画，把睫毛根填满。

注意：舞台妆的眼线可以适当浓一些。眼尾末梢不要太长。不能太过于妩媚，体现深邃感即可。

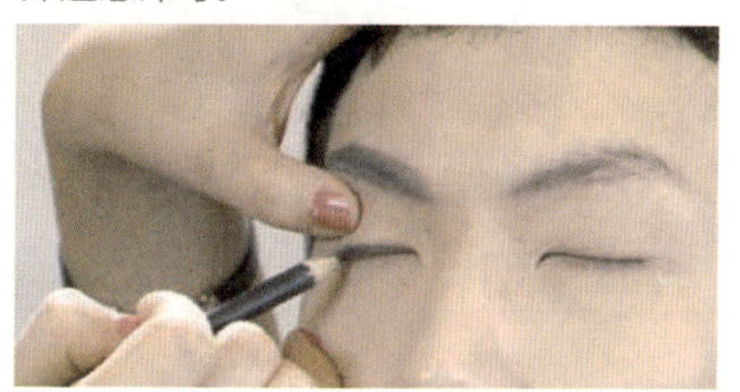

图4-2-6　上眼线描画

（2）下眼线描画。

描画下眼线的后眼尾处，从粗到细自然过渡，内眼角线条要精细。

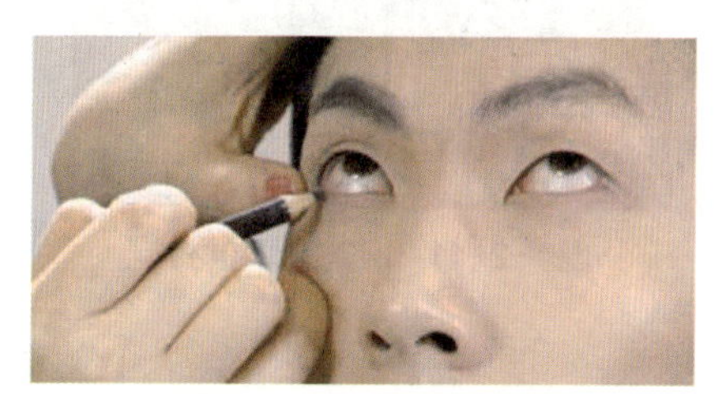

图4-2-7　下眼线描画

3. 眼影的描画

眼影的描画如图4-2-8～图4-2-9所示。

（1）上眼影描画。

用大号眼影刷在眼窝内平涂一层浅棕色眼影，用中号眼影刷蘸取深棕色眼影涂抹在睫毛根部，小面积晕染，后眼尾稍微加宽，丰满眼尾结构。

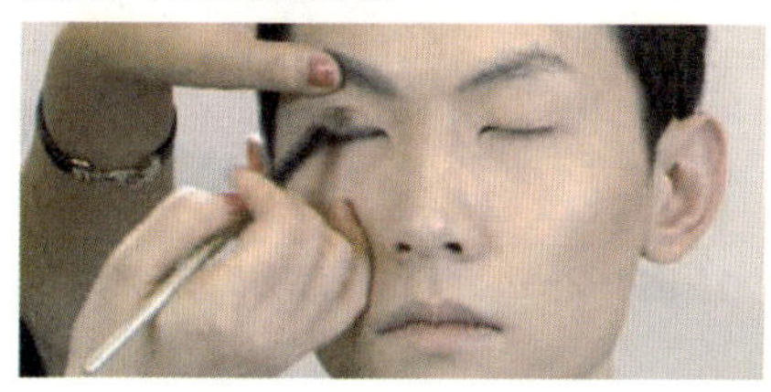

图4-2-8　上眼影描画

（2）下眼影描画。

用小号眼影刷蘸取深棕色眼影从后眼尾起笔，由粗到细画到内眼角，要有自然过渡的效果。

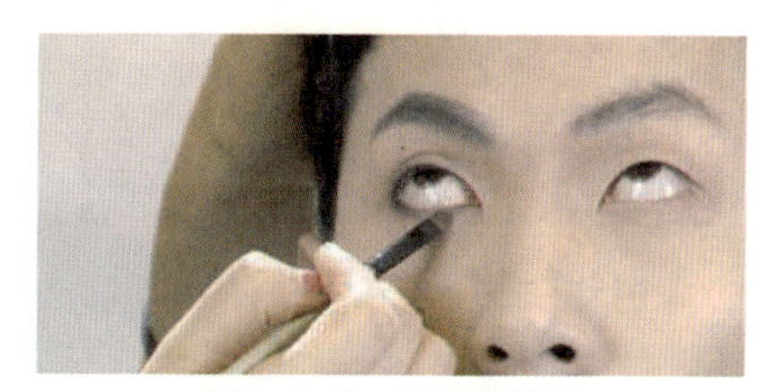

图4-2-9　下眼影描画

（三）操作流程

男妆舞台妆操作流程如图4-2-10～图4-2-21所示。

（1）接待顾客/模特。

请模特坐在舒适的化妆椅上，调整好坐姿。观察模特面部特征，模特肤质为中性，腮骨棱角明显。

图4-2-10 接待顾客/模特

（2）准备工具和材料。

按照要求摆放化妆品和工具。

图4-2-11 准备工具和材料

（3）选择相应的护肤品。

为此模特选择清爽型润肤水和乳液。

图4-2-12 选择相应的护肤品

（4）进行底妆的涂抹。

按照要求涂抹粉底液和提亮。

注意：在涂抹底妆前，需要清洁双手，并倒取适量的护肤品为模特涂抹面部。

图4-2-13 进行底妆的涂抹

（5）深色粉底膏修饰脸形。

用粉底刷蘸取深色粉底膏均匀涂抹在骨窝位置，加深面部轮廓的立体感。

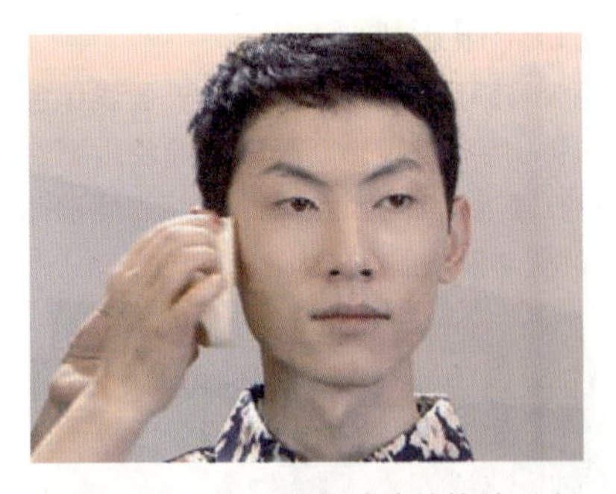

图4-2-14 深色粉底膏修饰脸形

（6）用散粉定妆。

用大号散粉刷蘸取定妆粉均匀轻扫在面部，并用粉扑压实。眼睑和鼻翼、嘴角等易脱妆部位重点定妆，下眼睑的定妆手法要轻，局部定妆下眼睑的部位要压实。

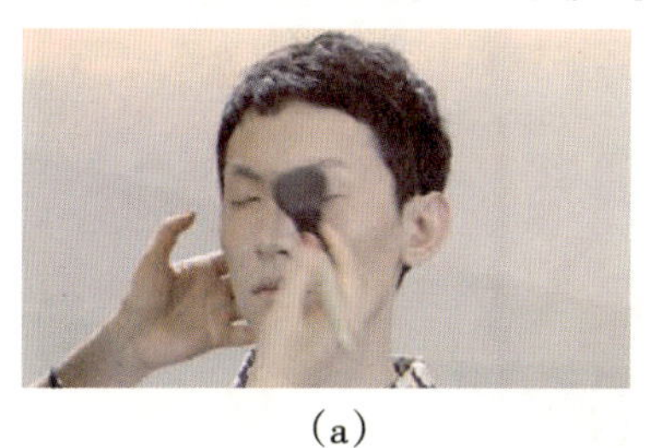
（a）

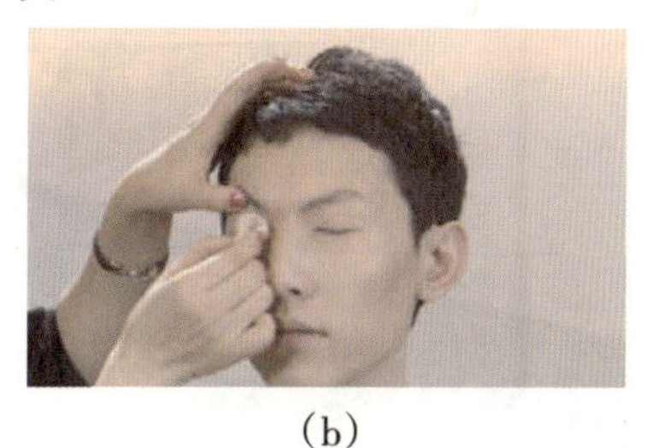
（b）

图4-2-15　用散粉定妆

（7）描画眉毛。

用眉刷蘸取眉粉修饰眉形缺陷的地方，眉峰立体有棱角。注意：眉尾不要过于细长。

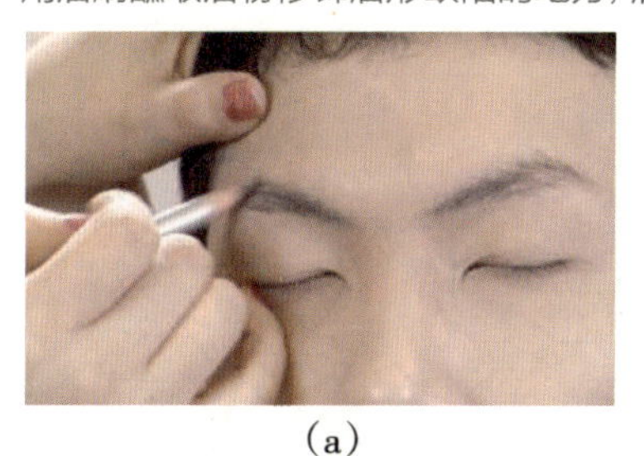
（a）

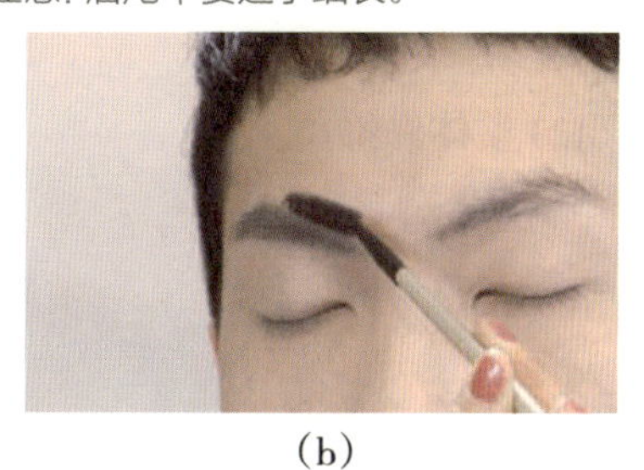
（b）

图4-2-16　描画眉毛

（8）描画眼线。

按照要求描画眼线。

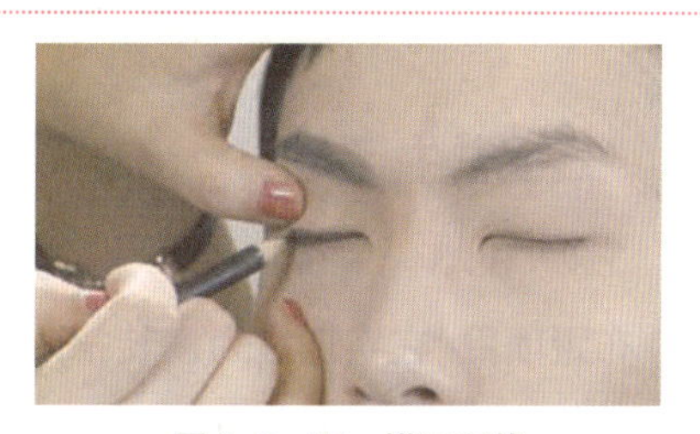

图4-2-17　描画眼线

（9）描画眼影。

按照要求描画眼影。

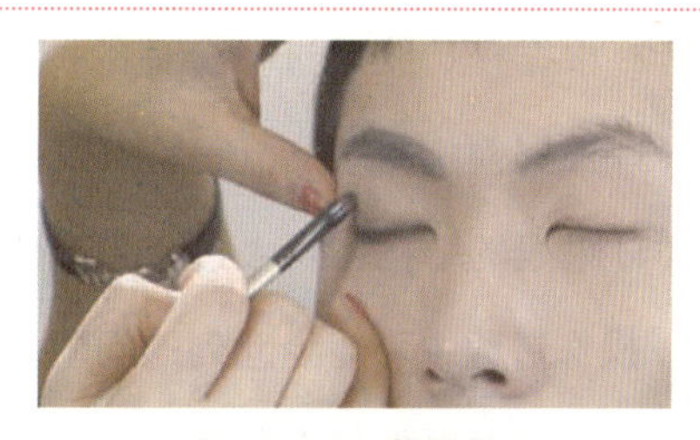

图4-2-18　描画眼影

（10）涂抹腮红。

用腮红刷蘸取少量棕色腮红，涂抹在骨窝处，均匀推开，自然晕染。

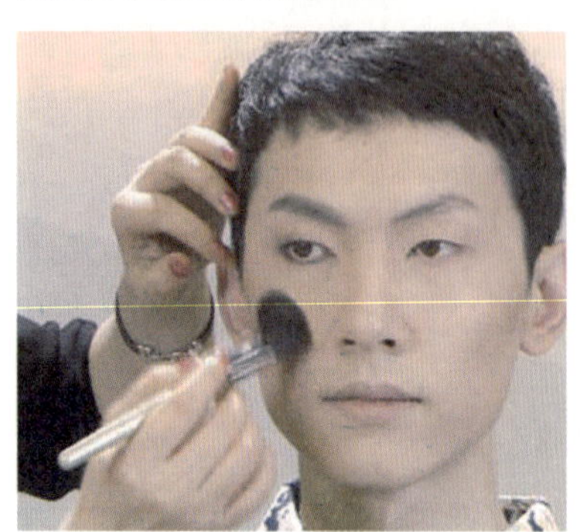

图4-2-19 涂抹腮红

（11）涂抹口红。

涂抹裸色唇膏，注意：如果模特唇色过深或过浅，需要用粉底液调整唇色。

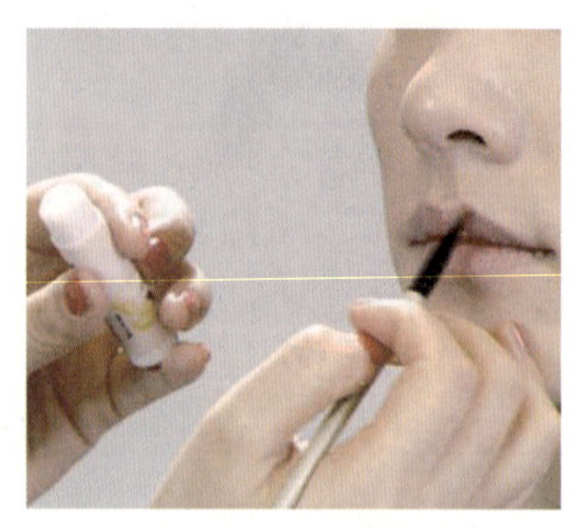

图4-2-20 涂抹口红

（12）整体修饰。

检查有无晕妆、脏妆等问题。

图4-2-21 整体修饰

三、学生活动

（一）工作过程

1. 布置项目：在实训室为模特描画男妆舞台妆

（1）开始之前，和模特沟通妆面的主题和风格，观察模特的年龄和五官特点、皮肤肤质和肤色等特征。

（2）根据模特肤质选择合适的护肤品和底妆产品。

（3）根据模特服装和五官特点设计男妆舞台妆的画法。

（4）眼线的结构不可太过夸张或化成女妆的眼形。

2. 操作过程中可能会遇到的问题

（1）粉底太厚重怎么办？

（2）眉形不自然怎么办?

3. 操作过程中需要特别注意的问题

（1）粉底膏涂抹不可太厚重。

（2）眼线末梢不能太细，否则会偏向女妆的柔美。

（3）整体妆面协调服装并具有个性美。

4. 我发现的问题及解决之道

____

____

____

（二）工作评价

男妆舞台妆工作评价标准如表4–2–2所示。

表4–2–2　男妆舞台妆工作评价标准

评价内容	评价标准			评价等级
	A（优秀）	B（良好）	C（及格）	
准备工作	工作区域干净整齐，工具齐全，码放整齐，仪器设备安装正确，个人卫生仪表符合工作要求	工作区域干净整齐，工具齐全，码放比较整齐，仪器设备安装正确，个人卫生仪表符合工作要求	工作区域比较干净，整齐，工具不齐全，码放不够整齐，仪器设备安装正确，个人卫生仪表符合工作要求	A B C
操作步骤	能够独立对照操作标准，使用准确的技法，按照规范的操作步骤完成实际操作	能够在同伴的协助下对照操作标准，使用比较准确的技法，按照比较规范的操作步骤完成实际操作	能够在老师的指导帮助下，对照 操作标准，使用比较准确的技法，按照比较规范的操作步骤完成实际操作	A B C
操作时间	规定时间内完成项目	规定时间内在同伴的协助下完成项目	规定时间内在老师帮助下完成项目	A B C
操作标准	修饰后粉底涂抹均匀，肤色自然，五官轮廓立体感强	修饰后粉底涂抹均匀，肤色自然	修饰后粉底涂抹均匀，但有细微浮粉	A B C
	眉形自然、有阳刚气质，边缘整洁	眉形有立体感，边缘整洁	眉形有立体感，边缘略粗糙，有改动痕迹	A B C

续表

评价内容	评价标准			评价等级
	A（优秀）	B（良好）	C（及格）	
操作标准	眼线虚化，紧贴睫毛根部，无明显修饰痕迹，突出眼部神韵	眼线紧贴睫毛根部，无明显修饰痕迹	眼线紧贴睫毛根部，线条太过生硬，有修饰痕迹	A B C
	眼影大地色系，可弱化或不化，凸显眼部立体感	眼影大地色系，无明显修饰痕迹	眼影大地色系，但有修饰痕迹	A B C
整理工作	工作区域干净整洁、无死角，工具仪器消毒到位，收放整齐	工作区域干净整洁，工具仪器消毒到位，收放整齐	工作区域较凌乱，工具仪器消毒到位，但收放不整齐	A B C
学生反思				

四、知识链接

如何正确卸妆

（1）原则上要先卸除色彩较多、较重的部位，如眼影、唇膏，然后才清洗其他部位。先卸除眼部和唇部彩妆：让模特闭上眼睛，将蘸有眼部卸妆品的棉片，分别覆盖在双眼的眼睑和眉部，轻轻向两边拉抹，清除眼影和眉部化妆。

（2）用柔软棉签或棉片顺眼睫毛生长方向，由睫毛根部向睫毛尖部轻拭，清除睫毛根部的眼线和睫毛上的睫毛膏，请勿重力伤到眼睛或使卸妆产品入眼。

（3）在手心倒取适量的卸妆乳液，双手轻轻揉搓，用手指指腹在面部由内而外轻轻打圈，能够帮化卸妆乳液更好地溶解毛孔内的彩妆，再用化妆棉轻轻擦拭面部妆容，注意卸妆时不要大力擦拭，并顺着肌肤的纹理方向擦拭。

（4）用温和性质的洁面乳清洗，注意要用温水冲洗，因为冷水对油脂清洗力较差，而过烫的水容易造成皮肤干燥。

（5）使用后的消毒棉片和棉签请放入垃圾袋内，不能丢入下水道，以防堵塞。

专题实训

一、个案分析

学校学生会组织学生参加社会实践活动，为电视台某节目男嘉宾描画男妆电视妆。演播室灯光强烈，拍摄要求妆容自然。男嘉宾四十多岁，肤色不均匀，有眼袋，实习的学生给他画了自然肤色粉底膏，嘉宾不满意，觉得面色苍白。请学生改妆。

请你仔细分析嘉宾不满意的原因，在下面写出你的改妆方案。

____

____

____

____

二、专题活动

搜集不同男妆舞台妆图片，分析图片的妆面有什么不同。将每个图片的妆面分析和心得记录下来，带到课堂讲评。

图片要求：

（1）“T”台男妆图片。

（2）演唱组合男妆图片。

（3）时尚杂志男妆图片。

三、课外实训记录表

请将你在本单元学习期间参加的各项专业实践活动情况记录在表4-2-3中。

表4-2-3　本单元课外实训记录表

服务对象	时间	工作场所	工作内容	服务对象反馈

附录　化妆工具表

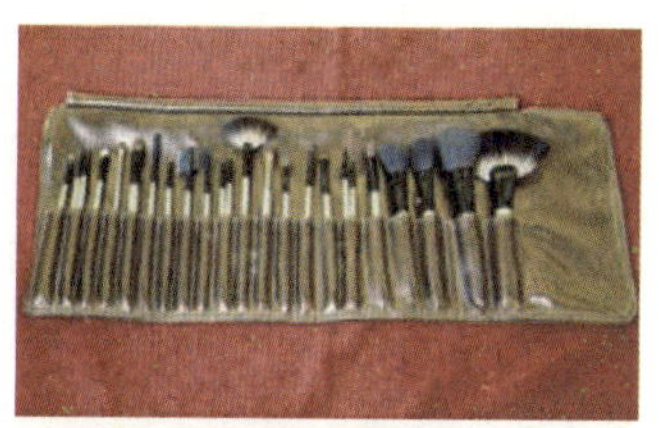

1. 化妆套刷

2. 眉笔和眉粉

3. 眼线笔和眼线膏

4. 睫毛膏

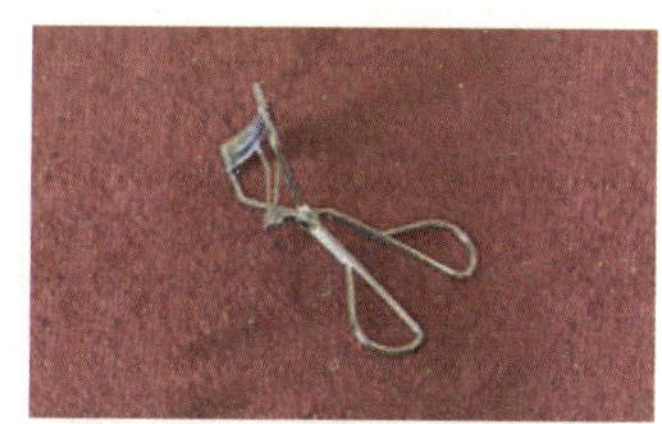

5. 睫毛夹

6. 扇形清扫刷

7. 腮红刷

8. 散粉刷

9. 眉刷

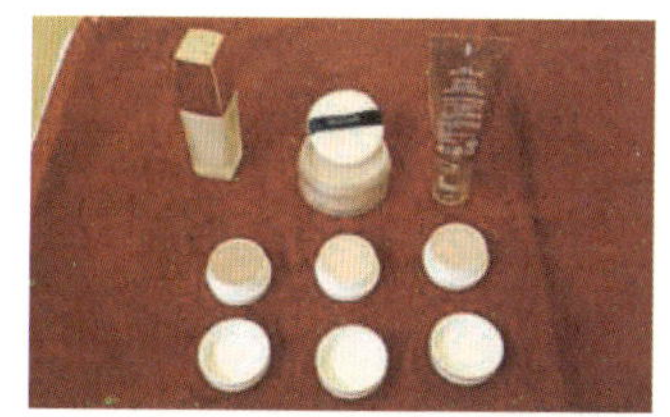

10. 粉底液和粉底膏

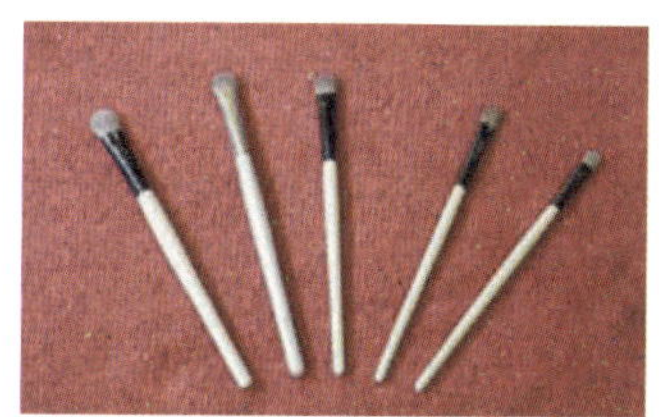

11. 眼影刷

12. 腮红

13. 定妆散粉

14. 多色眼影板

15. 多色口红板

16. 唇彩

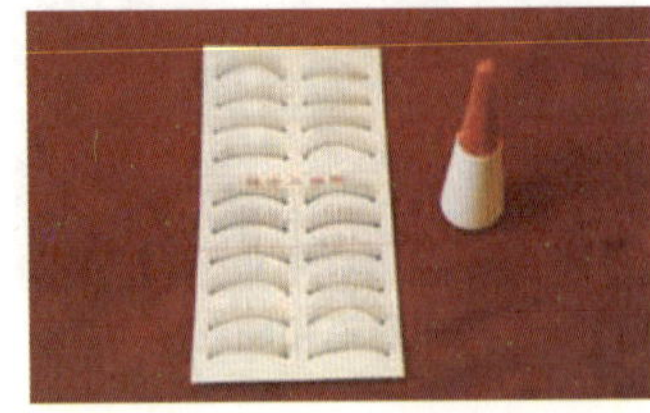

17. 假睫毛和睫毛胶

18. 海绵扑

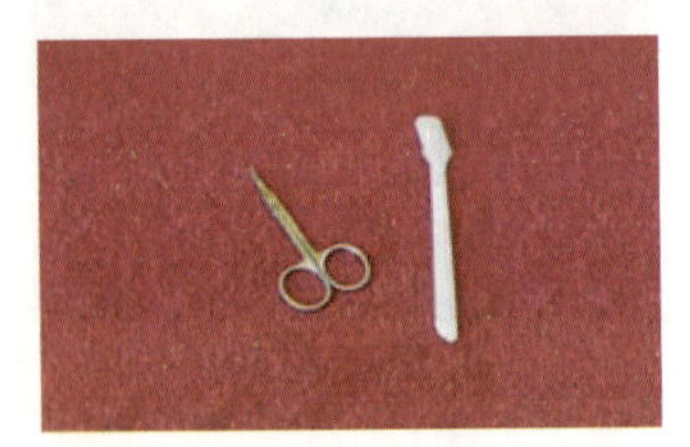

19. 修眉工具

20. 修容粉饼